服装
绘画艺术

王晓娟

——

著

Fashion
Painting Art

化学工业出版社

·北京·

《服装绘画艺术》分三个部分讲述，即服装插画、服装产品设计效果图、服装创意绘画效果图，并根据实际应用对每个部分的表现形式和绘画案例进行了深度讲解和分析。针对服装设计人员的实际工作需求，本书采用了大量图片，不仅为读者提供了丰富的内容，而且使读者更加直观地了解服装绘画艺术的系统知识。

　　《服装绘画艺术》不仅可以作为服装设计专业、绘画艺术专业的教学用书，也可作为服装设计爱好者提升服装绘画水平和艺术修养的参考用书。

图书在版编目（CIP）数据

服装绘画艺术/王晓娟著．—北京：化学工业出版社，
2017.11
　　ISBN 978-7-122-30673-9

　　Ⅰ.①服…　Ⅱ.①王…　Ⅲ.①服装设计–效果图–
绘画技法　Ⅳ.①TS941.28

中国版本图书馆CIP数据核字（2017）第234702号

责任编辑：李彦芳　　　　　　　　　　　　　　　装帧设计：史利平
责任校对：宋　玮

出版发行：化学工业出版社（北京市东城区青年湖南街13号　邮政编码100011）
印　　装：北京东方宝隆印刷有限公司
889mm×1194mm　1/16　印张10¼　字数285千字　2018年2月北京第1版第1次印刷

购书咨询：010-64518888（传真：010-64519686）　售后服务：010-64518899
网　　址：http://www.cip.com.cn
凡购买本书，如有缺损质量问题，本社销售中心负责调换。

定　　价：68.00元

序1
Preface

　　随着人们对时尚插画和服装绘画兴趣的提高，纺织服装学科教育逐渐认识到学生具有较强的服装绘画技巧是非常重要的技能。晓娟老师是我所有学生里最优秀的学生之一，美院毕业的她不但在服装专业有很深的研究，在绘画艺术上也有很深的造诣。

　　有一次闲聊，她说国外现代时尚绘画关于服装绘画方向的案例很多，但在国内很少见，特别是服装院校，服装绘画仅服务于服装设计的基础技法的绘画，想在教学中开发学生的创新思维、提升服装绘画的表现力度，在国内缺少系统又时尚的参考资料。现有的图书多是时装画基本技法的表达，了解和掌握服装画技能，培养读者基础性人体动态和时装绘画表现的图书居多，而关于服装绘画艺术提升方向的书籍还不多……当时我就提议：你可以写一本呀！晓娟老师还真是行动派，她说写就写起来了，历经两年多时间的创作与修改，这本书终于诞生了。

　　我简单地读了一下书稿，她是从应用角度分三个部分来讲解服装绘画的，分别是艺术绘画角度、服装产品设计角度和服装创意大赛角度。这本书收录了著名的经典时装插画、大型服装比赛的优秀作品效果图、有商业价值的服装品牌产品图例。除了涉及服装绘画技法外，更多的是给予读者在服装绘画方向的应用和提升的引导，帮助读者从服装绘画欣赏、服装产品设计应用、服装创意设计表现等方向进行更深层的学习，是时装设计师、服装工作者、插画师、艺术家等所有服装和艺术爱好者们不可或缺的学习参考书。

陈建辉　东华大学教授　博导

2017年6月

序 2
Preface

　　很高兴为晓娟老师的新书《服装绘画艺术》写序言。与晓娟老师相识多年，最近也刚好与晓娟老师在服装设计及流行趋势的方面有过一些项目合作，对晓娟老师的学识修为有了更深刻的了解和认知。晓娟老师在服装产品设计和服装创意设计以及艺术绘画方向都有独特的见解和思考，也正是晓娟老师这种跨界的艺术行为和观念，让她在专业领域有了更深的感悟，也正是因为这些日积月累的沉淀，让我们有幸看到这本综合性的《服装绘画艺术》书籍的诞生。

　　书中除了包括服装产品设计绘画部分，还讲解了服装插画和服装设计大赛稿件绘画，并附有大量应用案例。晓娟老师把服装绘画按应用类别从产品设计、艺术欣赏和创意大赛三个角度来分析讲解，每个部分都总结了独特的理论观点，并结合绘画范例，立体地呈现了多元的服装绘画形式，这是晓娟老师对自己从业于服装近20年的领悟之作。这种内容组合形式新颖生动，非常有利于读者全面地了解服装绘画，并对服装产品设计、艺术创作、创意绘画几个维度得到提升与启发。无论是专业服装设计师、院校师生以及时尚绘画爱好者，都可以通过此书交流互鉴。

武学凯

中国著名时装设计师

2017年8月

前言
Foreword

　　服装绘画不仅是服装设计专业必修的基础课程之一，同时也是绘画艺术的一个重要分支。从教多年以来，本着对服装专业知识的研究和对绘画艺术的热爱，从绘画在服装专业上应用的角度编写了《服装绘画艺术》这本书，虽然服装绘画是服装设计专业的基础课程，但是绘画表现贯穿于服装设计专业的始终。随着当代艺术的发展，服装绘画也成为绘画艺术主题的内容之一，因此，本书既可作为服装专业和艺术专业学习者的教材，也是相关艺术文化领域，时尚绘画和服装爱好者的学习参考资料。

　　本书汇总了服装绘画的多种表现形式，从应用的角度把服装绘画分为服装插画、服装产品设计效果图、服装创意设计效果图三部分。插画与服装效果图在功能和表现形式上有着一定的差别，服装插画是具有宣传作用和艺术感染力的绘画作品。本书第一部分收录了大量时尚的服装插画素材，并进行了讲解和分析。服装效果图具备服装的专业特点，具有很强的功能性和实用性，它要求设计师在创作过程中概括性强，快速地表现设计思路，同时具备服装的专业性细节，最后效果还必须具有艺术感染力。当然，服装效果图又分为产品设计效果图和创意设计效果图，这两类效果图又有不同的着重点，第二和第三部分分别作了讲解，并列举了大量的绘画案例，为读者在产品设计应用和创意服装大赛应用上提供了详细的参考资料。

　　笔者从事服装设计专业与绘画专业教育工作近20年，在服装专业和绘画方面经验丰富。在校领导、各位教授专家和广大同仁支持下顺利完成本书，在此表示衷心感谢！

　　随着时代的发展，服装绘画的表现也会不断的创新和进步，由于笔者水平有限，书中难免有一定的片面性和局限性，还请各位同仁和读者提出宝贵意见！

著者

2017年9月于上海

目录
Contents

服装创意设计效果图

第一部分

服装插画

服装绘画是以绘画为基本手段，运用丰富的艺术技法，实现服装设计作品整体形象的一种表现形式。服装绘画按照应用表现分类，可分为服装插画、服装产品设计绘画、服装创意设计绘画三个类别。

服装插画是以服装和人物表现为载体，注重的是绘画表现技法和绘画效果，忽略服装的结构和细节，不注重设计，而是美化设计，强调艺术感，强调很高的审美价值，具有艺术绘画和商品宣传的作用。

服装产品设计绘画是以表现服装款式和体现着装效果为目的的艺术形式。在保证绘画效果的基础上，更注重服装结构和款式细节，是展示服装成衣效果的一种方式。

服装创意设计绘画是表现创意服装设计的穿着效果，注重服装设计的设计氛围和设计意图，在追求整体绘画效果的同时还要具备服装的色彩、结构、比例及工艺等方面细节，以此作为将来服装制作的依据。

第一章　服装插画概述

一、服装插画及其历史

（一）服装插画的概念

服装是衣服、鞋、包、饰品的总称，是时尚和流行的代表。插画是运用图案表现的一种形式，本着审美与实用相统一的原则，运用点、线、面的组合原理，描绘具有故事情节和画面意境的绘画形式。插画是形态清晰明快、审美性强、具有很浓的艺术氛围的绘画作品。服装插画是插画师捕捉服装时尚和流行趋势信息，运用服装载体、人物造型、色彩构成等元素，用绘画表达服装文化和流行时尚的变化过程，诠释时代的信息符号。服装插画坚持审美与宣传为目的，以人为支架，服装、服饰为载体，注重绘画技巧和视觉冲击力，运用各种绘画手段来表现服装时尚的一种独立艺术形式。服装插画的画面效果更加接近绘画艺术，以简单新颖的手法表现服装造型、时尚潮流和流行趋势，主要目的是欣赏和宣传，是具有活跃版面视觉效果的绘画艺术形式。

服装插画有别于服装效果图，画面内容可以不体现服装、服饰的细节，只表现流行时尚和主题氛围即可，是谱写时尚、传达服饰文化的一种手段，也是当代艺术的一部分。服装插画以多变的表现形式，富有魅力的形象引人注目，画面效果具有强烈的艺术感以及明显的艺术特征，对服装宣传展示、提升品牌形象和丰富当代艺术绘画等，都具有不可或缺的积极的推动作用，其艺术价值与实用价值兼具。

（二）服装插画的历史

1.早期服装插画

时装插画，可以说是伴随着世界时装史的萌芽以及诞生共同发展起来的。早在16世纪，就已有出版物开始刊登插画来反映不同地区时装文化的变迁。

1520年到1610年间，有超过200副表现不同时装形象的版画、木刻画甚至蚀刻画。在当时，最出名的一幅插画出自于艺术家塞萨尔·瓦西里诺（Cesare Vecellio）之手，这幅插画主要展现了从欧洲到土耳其乃至东方的四百多套服装（图1-1～图1-3）。

图1-1　Cesare Vecellio早期作品

图1-2　Cesare Vecellio 早期的插画作品

图1-3 Cesare Vecellio的插画作品

图1-4 Monet（莫奈）的作品《花园里的女人们》

最早的插画大多出现在时尚的Look Book（《时尚画册》）中，与摄影相比，这种用黑白绘画展现服装穿着效果的表达手段，更有另一番味道。正如法国著名的插画家让·菲利普·德罗英（Jean Philippe Delhomme）所说：时尚插画更像是一种接近于"街头诗歌"的艺术。

1672年，时尚刊物《风流信使》（Le Mercure Galant）诞生了，当时法国女人的穿着方式开始影响整个欧洲。那个时候，还未发明照相机，插画满足了女人对时尚的渴望，那些最新、最抢手的服装，通过插画被更多的人分享。时尚插画，更像是一种徘徊于时装设计与非时装设计的间隙中的另一种对流行时装的即兴描绘方式。当时的插画则承担了复制与传播时尚的重任。

时尚和时装用插画这种特殊媒介转化成历史遗产，是移动奢侈时装新价值的点金术。但我们谈论顶级品牌的前世今生时，很难想象那些被摆在橱窗里琳琅满目的奢侈品的前身，可能曾经只是某个设计师画纸上的颜料和线条，而那些动人的灵感最初不过是纸上的涂鸦。也许早期的设计师本身就是很好的时尚插画师，精致的效果图和时装画就是一幅幅艺术品。

2.中期服装插画

18世纪末19世纪初，德国成为出版业的重中之重，同时法国也确立了时尚业的核心地位，插画伴随着更多出版物开始报道，时尚也获得了更广阔的舞台。正如Monet（莫奈）的名作《花园里的女人们》那样，印象派画家们也开始热衷绘画女人们穿着不同时装的形象（图1-4）。

在19世纪相当长一段时间里，插画一直没有得到很大的发展，或许是由于商业性插画没有得到大家的认同，摄影的诞生一度使得时装插画大面积消亡，不过插画也反之影响了摄影。那些世界上最早的摄影家们在工作室里照着插画里的款式和姿态获取旧时灵感，到了19世纪50年代，时装编辑们已经有了宽裕的预算为摄影拓宽空间，这时，时尚插画则被挤进了为文章作插图的角落。

时装摄影和时装插画是两种截然不同的艺术形态，尽管摄影能够制造出创意的时尚情境，却逃不开固化艺术效果的局限，而插画却通过丰富的艺术效果强调着特定时期时装文化的特色，并艺术化地描绘了时代经典。到20世纪中叶，从CoCo Chanel（可可·香奈儿）到Christian Dior（克丽斯汀·迪奥），设计师们都在画时装插画，而后

图1-5　Coco Chanel的小黑裙时装画

图1-6　Dior的礼服时装画

来插画又轻易地转变为成功的商业艺术（图1-5、图1-6）。

19世纪的时尚杂志封面插画为时尚插画的发展掀起了一层浪潮，1892年英国版《Vogue》《时尚》封画，让我们可以瞥见曾经风行的时尚潮流和审美趣味（图1-7）。

3.当代服装插画

当今是信息传达飞速发展的时代，插画设计所渗透的领域也随着信息的发展不断扩展。只要存在信息交流的地方，插画就有用武之地。时尚社会中，到处都可见服装插画的影子，它正以各种形式丰富着人们的生活，发挥着不可忽略的作用，逐渐从复制款式走向创造款式，从绘画技法走向设计表达，以更丰富的形式装饰着时尚文化。尽管摄影技术曾对时装画有过冲击，但是人们很快发现摄影无法替代绘画的事实，时装插画不再只是杂志插图或者设计效果图，它们成为了知名广告的灵感来源、大牌设计的跨界合作、时尚产品的创意火花、火热单品的行销亮点。

21世纪，时尚造就了一批风格迥异、个性独特的时尚插画家们，他们的作品展示了不同文化背景下的当代设计语言。

1997年开始活跃于法国巴黎高级女性时装秀场，为《Vogue》女性时装系列供稿的插画大师David Downton（大卫·唐顿）、美国时尚插画师Katie Rodgers（凯蒂罗杰斯）、时尚插画大师Bil Donovan（比尔·多诺方）等早已坐稳他们的半壁江山（图1-8～图1-12）。

(a)　　(b)　　(c)　　(d)

图1-7　早期《Vogue》封面插画

图1-8　插画大师David Downton作品

图1-10　插画大师LILI ZHOU（周丽丽）的作品

图1-9　插画师Katie Rodgers作品

图1-11　插画大师Bil Donovan的作品

图1-12　插画师Kidchan（小陈）插画作品

二、服装插画的应用

　　服装插画因其独特的奇思妙想和丰富绚丽的视觉冲击力，逐渐成为人们喜爱和关注的焦点。在社会生活中，到处都可见服装插画的影子，其应用范围表现在时尚的各个领域，多用于广告、杂志、海报、书籍、包装等平面的作品中，可以分为艺术绘画类服装插画、商业宣传类服装插画、书籍信息类服装插画三个大的范畴。

1.艺术绘画类服装插画

　　艺术绘画类服装插画注重绘画技法和画面效果，一般来说它以服装审美或人物造型为依托，运用不同的创意绘画技法，表现艺术作品的意境和内涵。艺术绘画类服装插画的表现形式自由，以幻想的、情绪的、夸张的、幽默的、象征的等艺术表现手法来丰富绘画作品所表达的内容，并且"画"所表达的领域、境界、内容都远比"服装"美丽和完整，是在服装基础上展演跨界时尚与艺术之间的丰富情感和艺术的感染力。艺术绘画类服装插画的绘画技法不受限制，所有艺术绘画的表现技法都可以呈现在服装插画中，它以丰富的表现手段展示着服装插画的艺术氛围（图1-13～图1-18）。

图1-13　简笔线条式艺术绘画类作品

图1-14　干笔绘画式艺术绘画类作品

图1-15　情景式类艺术绘画类作品

图1-17　水彩式艺术绘画类作品

图1-16　国画式艺术绘画类作品

图1-18　素描式艺术绘画类作品

2.商业宣传类服装插画

商品社会的服装插画正以各种形式丰富着人们的生活，推动着人们物质文明和精神文明的进步。商业宣传类服装插画以传递商业信息为主要目的，以塑造良好的企业形象和品牌形象为目的，以引导消费、促进商业流通、推动经济发展为宗旨，有很强的目的性与从属性。商业产品类服装插画要服从于特定的形象主题，吻合特定对象的需求心理和审美情趣，必须保证信息内涵得到完整清晰的传递，表现时以品牌形象展开创意绘画。商品宣传类服装插画伴随着19世纪服装商品宣传目的而产生，直到今天，宣传类服装插画都是商品宣传的必要手段，只是随着摄影和数码科技的发展，宣传类服装插画的综合表现技法更有优势（图1-19～图1-23）。

图1-21　MQUEEN（麦昆）宣传类服装插画作品

图1-19　Dior早期宣传类服装插画作品

图1-20　Dior香水早期宣传类插画作品

图1-22　HERMES（爱玛仕）包袋宣传类服装插画作品

作为商业宣传类服装插画，插画设计的功能性一定大于审美性，审美性必须服从于功能性。如著名时装插画家Richard Haines合作"IL Palazzo"项目，以时装插画的形式来表达Prada（普拉达）男装的精髓，Richard Haines为Prada绘制又文艺范儿十足的秋冬男装系列，Richard Haines以丰富的笔触来诠释他心中的Prada男装细节：形态、布料以及服装上身的效果，炭粉所营造出的朦胧感显得魅力独特，以超越原有印刷、层次和时代的画风，引发消费者的联想和思考（图1-24、图1-25）。

图1-23　YSL（圣罗兰）宣传类服装插画作品

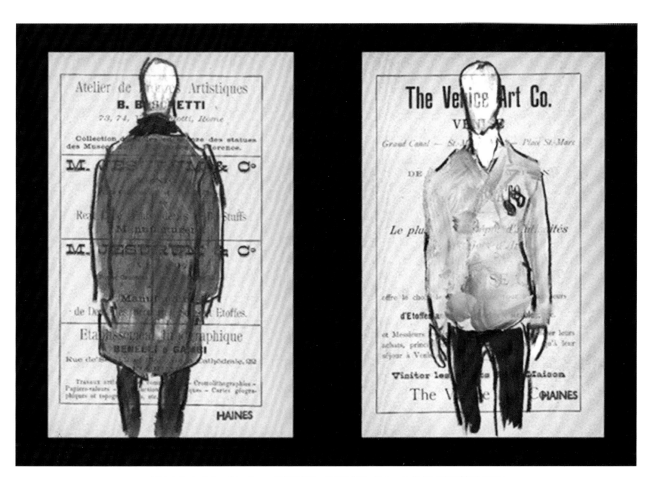

图1-24　Richard Haines（理查德·海恩斯）为Prada绘制男装商品插画

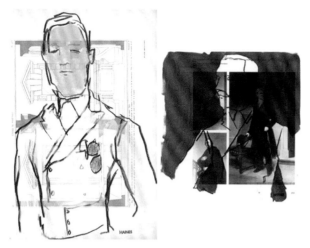

图1-25　Richard Haines为Prada绘制商品插画

3.书籍信息类服装插画

书籍信息类服装插画是为时尚书籍封面、版面、正文而设计的。它从属于书籍或者信息内容，用来美化书籍和弥补文字、照片的不足，主要功能在于图解文字的内容，制造照片意境，增加阅读的趣味性，让人们对特定的内容留下一个明晰的视觉印象。因此，在表现手法上多采用形象写实、简笔解剖、幽默模拟等，以求精确无误的表达，可供读者识别记忆的完整印象（图1-26～图1-31）。

图1-27　英国版早期《Vogue》封面插画

图1-26　《服装设计师》封面插画

图1-28　当代《Vogue》封面插画

图1-29　版面内容插画

图1-30　美国时尚插画师Katie Rodgers的内容插画

图1-31　插画师Katie Rodgers的内容插画

　　书籍信息类服装插画的另一部分为内容插画。美国时尚插画师Katie Rodgers（凯蒂·罗杰斯），是全职创作插画师，创立了"时尚与纸在这里相会（Paperfashion）"的时尚插画博客，很快受到时尚行业的认可。Coach（蔻驰）品牌请她为某系列广告创作插画，而Missoni（米索尼）等品牌也邀请她绘画身穿自家品牌的模特，各时尚杂志都在应用Katie Rodgers的内容插画，Rodgers现在是美国最炙手可热的新生代时尚插画家之一（图1-30、图1-31）。

芝加哥插画师Joe Sorren（乔索·伦托）的作品充满儿童插画想象力，这在儿童读物中插图尤为重要，图画本身比文字符号更易让儿童认识领悟，同时，儿童也有爱好图画的天性。以图画与文字的本质区分来看，图画所表达的领域、境界、结构都远比文字宽广、美丽和完整，极易受到儿童的喜爱，故而插图在儿童读物中占有举足轻重的地位（图1-32～图1-34）。

图1-32　芝加哥插画师Joe Sorren内容插画1

图1-34　芝加哥插画师Joe Sorren情节内容插画3

图1-33　芝加哥插画师Joe Sorren表情内容插画2

第二章 服装插画的表现形式

一、塑"人"为本

人物绘画一直以来都是艺术家表现的主要题材，服装插画中的人物更是服装插画师们必选的方向，服装的时尚以"人"为本，人物的表情和动作可以表达人的心情、境界、所处的环境、社会状态等时代背景，掌握每一个动作、每一个表情，对视觉故事有很大创作动力，人物的状态、表情、眉宇之间都代表了人物背后的时尚符号，表现着时尚潮流。因此，人物时尚插画是服装插画中必不可少的一部分。人物绘画风格多样，除了把握人物比例、结构关系外，动作、表情和时尚元素是绘画的重点，并且人物绘画插画多为时尚类应用，所以人物理想型的美化会为服装插画增添潜移默化的效果（图1-35～图1-44）。

图1-35用简单笔墨勾勒人物造型，水墨渲染的面部和服饰小细节，人物表情温和、恬静，巧妙地配合着那些浓淡不定的颜色，引领当时时尚的主流。

图1-36运用淡彩写实绘画人物头像，面部结构比例准确，五官刻画细致，最经典的是瞪大双眼凝望的表情，水墨渲染的面部及发质，配以眼帘的水珠和上空的鸟类，完美地表现了处在时尚中人物的特点。

图1-36　人物神态插画作品

图1-35　20世纪初人物插画作品

图1-37　人物肖像插画作品

图1-38用简单线条勾勒出一幅生动的人物绘
画，作者运用不同粗细的线条细致地绘制人物的
结构、造型、五官，但最惹人注目的还是插画创
作中的首饰细节，以及简单点缀的红色妆容，为
画面增添了活力。

图1-38　简笔线条人物插画作品

图1-39　人物特写插画作品

图1-40　人物表情插画作品

图1-41　装饰人物插画作品

图1-42　艺术绘画人物插画作品

图1-43　人物动态插画作品

二、简笔艺术画

简笔艺术画的"简"并不是随意表现，而是有很强的主次之分，主要部分要加以强调，次要部分理所当然地简化甚至省略。简笔绘画时，服装插画师先要捕捉人物的"神"，再抓住人物的动作和表情，抓住人物举手投足间所展现的风情、妩媚、抑或霸气，然后用点、线、面等精简的笔法表现出来。服装插画中主要表达服装，所以多数把模特的肢体和脸蛋简化省略，但是肢体和脸部的轮廓造型依然清晰可见，线条简洁、硬朗、流畅。

简笔艺术画的概括力和表现力很强，绘画表现手法娴熟，线条优美（图1-45～图1-48）。

简笔艺术画风格一般有夸张、趣味或者材料创意等表现手法（图1-45）。简笔风格是以现实为基础，客观事实为依据，将服装插画的特征用笔凝练，产生强烈的视觉效果，达到突出特征的目的。这种风格不仅能准确集中地表现艺术效果，更能吸引读者的眼球。但简笔风格在服装插画中并不是滥用的，首先，要具备准确的造型基础，再表达画面的主要内容和服饰的主要特征；其次，运用简笔点线面，绘画符合美感并具有设计原理的艺术效果，否则很容易出现造型失衡、画面荒谬的效果。

图1-44　动漫人物插画作品　　　　　　图1-45　Nuno DaCosta（努诺·达科）的简笔艺术画

　　Lotty Rose的简笔艺术画简单抽象，整体除了头部和身体的总躯干已经没有多余的描绘。甚至服装的表现也只是寥寥几笔，但却神形兼备（图1-46）。

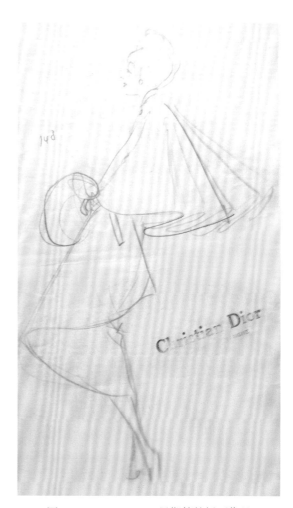

图1-47　Christian Dior早期简笔插画作品

图1-46　Lotty Rose（洛蒂露丝）的简笔艺术画

图1-48　Nuno DaCosta的简笔艺术画

三、具象写实表现

写实是指以原有事物为原型，运用艺术手法把事物具体地描绘出来。写实风格要追溯到文艺复兴时期至19世纪后半期，西方传统绘画非常注重事物外表的描绘，写实主义便是从此产生并深化到各个领域，当然包括服装插画。具象写实表现是服装插画中最常见的表现风格，画面逼真、形象生动是其两大重要的特点。

将绘画主体原原本本且完美地复制下来，任何一种形式都比不过摄影，但绘画的艺术价值是摄影无法代替的。具象写实表现的服装插画是只对人物的动态、表情、造型、服装的款式、面料质感等进行艺术化的真实写照，使画面富有表现力和艺术性（图1-49～图1-54）。

有很多插画师绘制写实风格的插画作品，插画师娴熟的表现技法表现了不同材质服装的明确质感，准确掌握人体结构及色彩的深浅层次，插画效果表现得很生动。

具象写实风格一般有多种表现手法，如油画、国画、水彩、钢笔淡彩、数码表现等，需要更深的绘画功底。写实风格是以现实为基础，客观形象为依据，将人物和服装的某一特征具体完整地记录下来，描绘出具体的视觉效果。这种风格不仅能准确集中地表现艺术效果，更能吸引读者的眼球（图1-49）。

具象写实绘画比文字更有说服力（图1-51），以其直观的形象性，真实的生活感和美的感染力，在现代设计中占有特定的地位，是现代设计的一种重要的视觉传达形式。

绘制具象写实插画时，把握虚实关系很重要（图1-52），把美的部分运用写实进一步强调出来，而把其他部分虚化，这样展示在我们眼前的物体显得既真实、完美又具有艺术性。用摄影的话，或许我们在拍好后仍需要面临修图的环节。而且，对于艺术家来说，用相机拍摄只是一瞬间，而绘画却是一个历时很长的心灵体验。

图1-50　国画表现具象写实插画作品

图1-51　数码表现具象写实插画作品

图1-49　油画表现具象写实插画作品

图1-52　水彩表现具象写实插画作品

图1-53　手绘表现具象写实插画作品

图1-54　具象写实肖像插画作品

四、情景交融

服装插画内容的表达有时充满了趣味性、情境性、故事性的氛围，即通过人物的形态、动态或神态语言，营造一种有趣、生动，且引人入胜的画面。插画主题从生活点滴中摄取灵感，复活有趣的情景、人物或事物，经过艺术处理，可以创造出别具一格、打动人心的作品。一般情景交融风格的服装插画画面色彩鲜明，线条流动明朗，画面氛围愉快，在充满想象空间的基础上，营造具有时尚氛围的故事板块（图1-55～图1-61）。

情景交融的插画一般以故事情节为前提，除服装、人物、时尚元素的角色外，还具备场景和情节。情景交融的插画主要以现实生活为基础，将客观事实用插画的形式绘画出来。这种情景交融的插画风格不仅能描绘插画故事情节，更是时尚流行的写照（图1-55）。

图1-55　日式情景交融的插画作品

图1-56　时尚型情景交融的插画作品

图1-57　装饰型情景交融的插画作品

图1-58　故事型情景交融的插画作品

图1-59　动漫型情景交融的插画作品

图1-61　联想型情景交融的插画作品

五、画衣服

　　注重衣服效果的服装插画近年来越来越广泛，以衣服作为绘画作品的题材，从服装款式、结构、细节、图案、面料质感等多种角度表现服装的绘画效果。在绘画技法上有简笔绘画、水彩绘画、马克笔绘画、数码绘画等多种表现形式，或者将非绘画材料珠片、亮片彩粉、花瓣等与画面完美结合，营造出综合材质表现的生动画面氛围，其丰富的表现手法有种美感走出纸张的感觉。另外，也有利用服装款式作为主题进行创作，绘出具有美感、创新、时尚的插画（图1-62～图1-68）。

图1-60　情节型情景交融的插画作品

　　图1-62以服装单品、配饰等组合绘画表现，每个单品都绘制详细的细节，构图合理，排列有序，既是一副以服装为元素的主题插画，又是款式的产品设计稿。

图1-62　服装款式绘画的插画作品1

图1-64　简笔线稿表现注重衣服的插画作品

　　注重服装款式的插画是服装绘画开始的基础部分（图1-63），绘画时必须了解服装的结构、工艺、局部等细节，经过精心绘制完成款式插画的同时，也完成了细节丰富而精确的服装设计图样。服装插画在具有欣赏和审美功能的同时，也是指导服装款式设计和生产的一种依据。

图1-63　服装款式绘画的插画作品2

图1-65　钢笔淡彩表现注重衣服的插画作品

图1-67　图案表现注重衣服的插画作品

图1-66　马克笔表现注重衣服的插画作品

图1-68　综合材料"画衣服"艺术插画作品

　　绘画衣服时首先对款式的轮廓进行加工,把
衣服的结构、褶皱和花纹等细节都绘制出来,上
衣和裤、裙都要有绘制的特点。整体线条完成后,
就开始着手口袋等局部的描绘,上衣印花和背心
的缝制手法等的细节也要表现出来。这些细节做
到满意之后,就开始在审美层面和技术层面上考
虑面料和色彩的问题(图1-69～图1-71)。

图1-71　应用类"画衣服"插画作品

图1-69　综合技法"画衣服"艺术插画作品

图1-70　主题类"画衣服"插画作品

服装插画赏析

一、António Soares插画作品赏析

时尚插画师António soares（安东尼奥·苏亚雷斯）来自葡萄牙。他的作品是具有高辨识度的时尚插画人物，绘画风格冷峻、酷炫，把人物刻画得惟妙惟肖，同时又具有独特的风格。他惯用的插画手法是采用水彩和铅笔，将活灵活现的人物形象和服装特征都呈现于纸上。硬朗的画风，随意的笔触，看似没完的情节却又淋漓尽致地展现所想，无论在色彩上，还是在画面的控制上，都显得既随性又完美。他的作品以写实为主，几笔简单的线条，加上轻巧点缀的水墨渲染，就能勾勒出鲜活动人的时尚人物。大家甚至能从他精妙的作品中，发掘出一个个耐人寻味的时尚动向。

António Soares一开始就和《Portuguese Soul》杂志合作，他发出了一个特别的挑战，以葡萄牙时装周为起点，他实现了一套最优秀的葡萄牙设计师的插图，他在一季又一季的时装插画上获得了赞誉。他的时装插画在绘画技巧上令人印象深刻。他表现的服装材料效果，逐渐形成了自己特有的风格，他的作品表现重点是面料图案的绘画。他运用普通的水彩颜料，展现了艺术家在作品中对服装、对面料、对纹样的偏爱。他在葡萄牙与国际时尚插画设计师一起演绎流行趋势和流行主题（图1-72～图1-77）。

图1-72 António Soares插画作品1

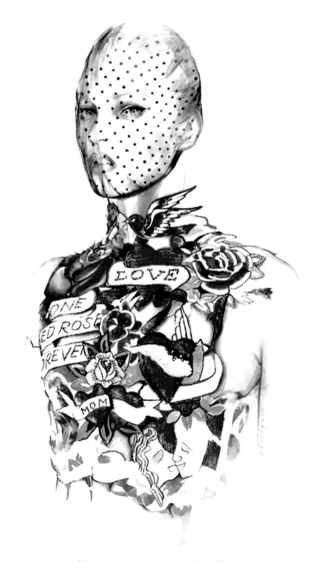

图1-73 António Soares插画作品2

图1-74　António Soares插画作品3

图1-76　António Soares插画作品5

图1-75　António Soares插画作品4

图1-77　António Soares插画作品6

二、Natalia Sanabria服装插画作品赏析

来自哥斯达黎加的插画师 Natalia Sanabria（娜塔莉亚桑纳比亚），在创作时装插画方面十分有名。哥斯达黎加大学的专业为平面设计与美术，毕业后，她的美术作品受到时尚和现代潮流的影响，从而开始了时尚插画的创作生涯。她的作品善于描绘女性肖像以及时装曲线，并且用油墨这种充满活力的水彩画形式渲染人物色调，让整体画面看起来更加饱满真实（图1-78～图1-83）。

Natalia Sanabria的绘画风格以写实表现为主，她为服装选择年轻、有活力、简约风格的人物形象，色彩运用了柔软、细腻的奶油色、燕麦色，手工油墨整体配色，特别注重面部细节和人物造型为插画增添一抹新鲜与活力。

图1-79　Natalia Sanabria插画作品2

图1-78　Natalia Sanabria插画作品1

图1-80　Natalia Sanabria插画作品3

图1-81　Natalia Sanabria插画作品4

图1-82　Natalia Sanabria插画作品5

图1-83　Natalia Sanabria插画作品6

三、Kevin Wada插画作品赏析

Kevin Wada（凯文·万达）是来自旧金山的个性潮流手绘插画师，他的作品充满时尚、童趣以及幽默感，有着复古色调与线条勾勒出的拼贴画般的层次感。他的灵感主要来源于时装，但并不仅仅是真实世界，那些风格强烈的动漫主人公同样是他笔下的主角，从时尚偶像Beyonce、Rihanna，到影响了一代人的月野兔和春丽，再到美国超级英雄漫画中带有强烈冷战意识的风格，Kevin Wada为我们展现了一个丰富而独特的插画世界（图1-84～图1-91）。

Kevin Wada绘画重点是幽默的人物形象。正如时尚中服装的幽默一样，他一直认为乐趣很重要，因此决定为时尚的流行形象完成一系列的幽默绘画设计，通过传统绘画和数码绘画技法的组合应用，绘出一笔传统而精巧的时尚插画效果。

图1-84　插画师Kevin Wada的作品1

图1-85　插画师Kevin Wada的作品2

图1-86　插画师Kevin Wada的作品3

图1-87　插画师Kevin Wada的作品4

图1-88　插画师Kevin Wada的作品5

图1-89　插画师Kevin Wada的作品6

图1-90　插画师Kevin Wada的作品7

图1-91　插画师Kevin Wada的作品8

图1-93　插画欣赏2

四、服装插画作品欣赏

服装插画作品欣赏见图1-92～图1-125。

图1-92　插画欣赏1

图1-94　插画欣赏3

图1-95　插画欣赏4

图1-97　插画欣赏6

图1-96　插画欣赏5

图1-98　插画欣赏7

图1-99　插画欣赏8

图1-100　插画欣赏9

图1-101　插画欣赏10

图1-102　插画欣赏11

图1-103　插画欣赏12

图1-104　插画欣赏13

图1-105　插画欣赏14

图1-107　插画欣赏16

图1-106　插画欣赏15

图1-108　插画欣赏17

图1-109　插画欣赏18

图1-112　插画欣赏21

图1-110　插画欣赏19

图1-111　插画欣赏20

图1-113　插画欣赏22

图1-114　插画欣赏23

图1-116　插画欣赏25

图1-115　插画欣赏24

图1-117　插画欣赏26

图1-118　插画欣赏27

图1-121　插画欣赏30

图1-119　插画欣赏28

图1-120　插画欣赏29

图1-122　插画欣赏31

图1-123　插画欣赏32

图1-124　插画欣赏33

图1-125　插画欣赏34

第二部分

服装产品设计效果图

服装产品效果图概述

广义的服装产品是指服饰实物、服务、组织、观念的组合，它涉及了科学、艺术与经济等领域，呈现了美学、人体工程学、心理学、市场学、材料学、创造学等多重组合。现在我们所指的服装产品主要指有形产品，一件衣服，一顶帽子，一次为赴宴而搭配好的整套服饰等。服装产品一般都是通过服装品牌或服装设计工作室推向市场的，其过程中的服装产品的设计稿即服装产品效果图，指产品生产下单前的产品设计效果图和产品款式图等。

服装产品效果图是服装产品从设计到生产过程的重要组成部分，是品牌产品的设计风格和设计理念的展示途径，也是指导品牌产品生产的重要依据。设计构思是漂浮不定、倏忽即逝的，要将模糊的想法、突现的灵感固定住，必须运用某种相宜的形式。对于服装设计的表现而言，绘制服装产品效果图和款式图是一种直观而有效的表现方法。服装生产各个环节用语言和文字无法将设计理念描述完整，服装产品效果图即成为产品生产指导的重要依据。

服装产品效果图不同于服装插画，服装插画的绘画效果更加注重艺术感，而服装产品效果图之所以称为"图"，是因为它是为制作服装而画的图纸，更能深入细致地表现服装的造型、款式、色彩等细节特点，目的在于将设计构思转为可视形态，从而把设计师的设计理念和创作意图直接明了地展示出来，同时运用人物造型姿态展示产品的最佳视觉效果。当然，服装产品设计过程中，设计稿的绘画表现，需要设计者具备相关专业素质，如绘画表现能力、服装专业知识等。服装产品效果图的表现始终贯穿于服装设计的全过程，服装产品设计的不同阶段需要不同形式的表现图，前期有设计手稿，后期有款式工艺图等。

一、服装产品设计基础

服装产品设计是一个创作的过程，是艺术构思与技术表达的统一体。设计师一般先有一个构思和设想，然后收集资料，确定设计方案。其方案主要内容包括服装整体风格、主题、造型、色彩、面料、服饰品的配套设计等，对款式细节、结构设计、尺寸确定以及具体的裁剪缝制和加工工艺也要进行周密严谨的考虑，以确保最终完成的作品能够充分体现最初的设计意图，然后运用绘画艺术手段完成具有技术细节的产品效果图。当然服装产品效果图绘制前，设计师必须具备服装基础知识，如服装设计原理、服装结构、服装工艺、服装面料、流行趋势分析等，同时熟练掌握品牌信息，如品牌理念、品牌风格、本年度或季度的品牌策划方案等，才能进行构思、设计，运用绘画技法绘制出具有艺术效果，又能够指导生产的产品效果图。

品牌产品设计效果图用于表达服装艺术构思和工艺构思的效果与要求，强调设计的新意，注重服装的着装具体形态以及款式细节的描写，便于在服装生产中准确把握每一个环节，以保证成衣在艺术和工艺上都能完美地体现设计意图。产品设计效果图是衡量服装设计师创作能力、设计水平和艺术修养的重要标志，是品牌产品制作、生产、走向市场的依据。因此，服装产品设计专业知识是完成服装产品效果图绘画的基础条件，产品效果图的绘画是服装设计师表达产品设计理念的最好途径。

1.服装理论基础

服装是一门科学，已经形成了系统的理论知识体系，主要包括服装史、服装设计学、服装美学、服装材料学、服装结构与工艺、服装卫生学、服装营销学、服装生产管理等。了解和掌握服装理论知识有利于提高设计师艺术修养，顺应行业迈向更高的层次，这是设计师的必修课程，也是实现服装产品设计的基础能力。

2.服装材料基础

服装材料是完成服装作品的基本素材，是服装设计活动中不可缺少的构成要素。掌握各类常用服装面、辅料的主要性能、特点及鉴别方法，正确选用服装面、辅料，才能合理地运用材料来实现自己的设计构想。服装材料的主要内容有纺织纤维的分类、性能与鉴别，服装面料的分类、组织、结构及其对面料性能的影响，织物组织概念与鉴别方法，服装面料的主要性能与选用，常用服装面料的使用与保养，服装辅料的作用、分类与选用，服装装饰材料及商标等。在产品效果图绘画时材料的性能和质感的表现是效果表达的重点部分，必要时也可以附面料小样的实物（图2-1～图2-3）。

理解面料性能和特点的同时，还要仔细认真地观察面料的质感，不同材质的面料表面肌理效果都不同，并且能够运用绘画技法表现出来（图2-4、图2-5）。

图2-2　服装面料小样

图2-3　服装辅料小样

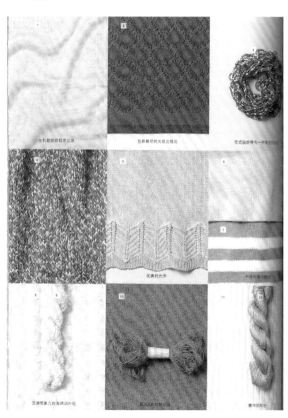

图2-1　服装针织面料小样

图2-4　针织服装面料绘画稿

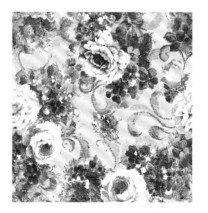

图2-5　印花服装面料绘画稿

3.服装结构工艺基础

服装作品必须通过服装工艺技术来实现"实物效果",设计师必须了解能够实现实物化的工艺技法,如服装制板、服装裁剪、工艺制作、工业化生产的专业操作技能,还包括量体、制图、裁剪、缝制、熨烫等系列化的操作程序,才能运用工艺原理结合自己的设计理念完成作品,同时也应该懂得结合自己的作品设计相应的工艺技法,并能够绘制出相应的产品设计稿,以及详细的工艺设计稿,达到完成自己作品的最佳效果(图2-6、图2-7)。

二、服装绘画基础

服装设计既是一种产品设计,也是一种艺术创作。因此,坚实的美术基础和广泛的艺术修养对于服装设计师就显得至关重要。绘画基础与造型能力是服装设计师的基本技能,只有具备了良好的绘画基础才能通过设计的造型表现能力以绘画的形式准确地表达设计师的创作理念,在设计绘图的过程当中能体会到服装造型的节奏和韵律之美,从而激发设计师的再创灵感。

当然,一些著名的设计大师几乎都擅长绘画表现,并且他们在设计表现上非常突出(图2-8、图2-9)。但如果不能用绘画方式表达设计意念,会给自己的创作带来很多不便,甚至会导致设计构思的不能实现。绘制产品设计图是表达服装设计构思的重要手段,因此,服装设计者需要有良好的美术基础,通过各种绘画手法来体现人体的着装效果,设计师最基础的表现方式有速写、人物表现、色彩知识等。

1.速写基础

速写是指短时间内迅速画成的画,一般指用铅笔或碳笔写实性地、准确地用线条塑造的画。速写的表现主要是以造型能力为基础,运用线条

图2-6　详细的结构工艺设计稿

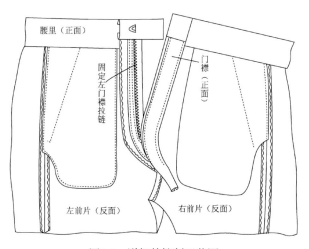

图2-7　详细的缝制工艺图

图2-8　Karl Lagerfeld(卡尔·拉格斐)设计稿

快速地表现出绘画的意图（图2-10）。速写绘画是
服装绘画的基础，也是快速记录服装设计意图的
最佳手段。服装产品设计中运用速写的手法表现设
计随笔、设计草图、款式图等，甚至大师稿、高级
定制设计稿都是运用速写的手法完成的（图2-11）。

图2-11　Dior速写设计稿

　　线条是速写绘画的基本表现技法，速写的线
条需要简洁，虚实关系明确，每条线都有自己
的作用。速写绘画需要对结构、比例有深入的
了解，具备准确的观察力。速写就是一个量的积
累，大量的练习是画好速写的必要条件（图2-12、

图2-9　Armani（阿玛尼）设计稿

图2-10　服装速写稿

图2-12　人物速写稿

图2-13　服装速写设计稿

图2-14　服装效果图速写稿

图2-13）。服装产品绘画中速写的应用特别广泛，设计灵感的随笔记录、款式的结构表现、部件细节的图示等，最主要的是服装效果图绘画的表现（图2-14）。

2.人物表现基础

人体动态绘画是服装绘画表现的基础。服装产品表现与时装插画、创意时装画不同，不是九头身或十头身那种夸张的人物，而是按照人的实际比例来画，图中的人物形体与动态，多数情况下接近现实生活的审美标准，并以此作为判定服装设计构成关系的依据。因此，服装产品绘画要求设计者具备扎实的人体造型和人体动态的绘画基本功，准确地了解人体结构和比例关系，才能迅速表现着装人体和设计意图，为绘制出详细的服装设计图奠定基础（图2-15～图2-18）。

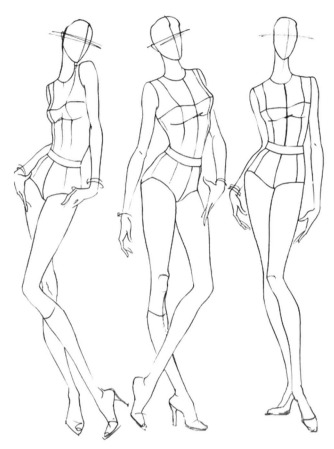

图2-15　人物动态手稿

图2-16　人物着装手稿

图2-17　人物着装步骤手稿

图2-18　人物造型手稿

3.色彩表现基础

色彩作为一种无声的语言，向人们传递着丰富的情感。色彩是最大众化的一种审美形式，是服装艺术的重要表现手段之一。色彩通过设计师的艺术处理，并与其他造型手段相结合，塑造服装的艺术主题，引起观赏者的生理和心理感应，触动人们的情绪，从而获得美感享受。

色彩主题能更好地表达服装产品设计主题的组合，这种组合渲染并诠释出设计主题的气氛。根据国际流行色协会调查数据表明，在不增加成本的前提下，选择最佳的色彩设计，可以给产品带来10%～25%的附加值。服装产品吸引消费者的注意并唤起购买欲望，创意性的色彩主题起决定性的因素，服装企业和设计师们已经将对色彩的认识上升到对色彩的有效应用层面上来，色彩的主题分析研究已成为时尚行业中的必备环节（图2-19～图2-21）。

图2-19 流行色彩主题分析暖色系

图2-20 流行色彩主题分析明亮色系

图2-21 色彩氛围分析

　　自然界的色彩千变万化，然而服装色彩的运用却要因人而异。因为服装是要穿在人身上的，它的色彩应与人的肤色、年龄、职业、场合、体形、个性、环境等因素相协调，还要考虑社会的流行与文化。那么，如何选配服装的颜色，使其既能美化人的肤色，又能起到掩盖缺陷的目的，是设计师与穿着者极为关心的问题，也是服装产品设计中必须了解的基础知识。因此，服装产品绘画在把握流行色的基础上，还要懂得色彩提取、调和、搭配以及色彩在效果表现中的技术知识（图2-22～图2-26）。

图2-22　服装配色手稿

图2-23　"叠翠"流行色彩主题分析

图2-24　"叠翠"氛围主题分析

色彩

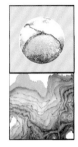

钴蓝色：经典简约深邃之蓝
是富有想象力的色彩，如乐
高玩具般重组出无限的想像
空间

水粉绿：太空极光空灵雾化，
反射出迷幻的光，打破了外
太空的静谧，宇宙粉尘凝结
的矿物星团，深邃而诱人，
让我们迷失其中

蓝绿：动感而奇趣的色彩，
从缤纷的色彩组合中跳跃出
来，浓烈而多变，赋予不同
搭配色系的不同色彩情感

| 7459c | 2955c | 2965c | 7539c | 7545c | 7477c | 2915c | 3272c | 2945c | 7489c | 7509c | 7515c |

图2-25　"叠翠"色彩提取分析

系列一

图2-26　"叠翠"色彩主题应用

服装产品效果图表现形式

服装产品效果图是服装设计的重要环节，它以绘画为手段来表现服装品牌故事或者服装品牌形象，以及某季度中服装产品的款式结构、色彩配置、面料搭配、服饰配件与整体着装的直观效果，为品牌产品的推广和生产提供了便捷的指导书。

在品牌产品实施的过程中，为了便于产品生产，每个服装品牌都形成了独特的产品设计表现方式，大致可分为以下几类。

一、主题型产品效果图

注重品牌主题概念的企业，在服装品牌故事和品牌形象模式下，每年度或季度都要拟定企划主题，以氛围版和着装效果图为主，这样能够把要表达的设计氛围和设计理念都以绘画的形式展示出来，起初以记录或草图的形式出现，然后再把草图中的简单构思具体化、细节化，用效果图、概念图等实现构思中的设计主题效果，为品牌运作打下坚定的基础（图2-27）。

图2-27图中不但有人物造型以及人物的着装效果图，还运用了同风格的款式图和灵感主题图片，表达了复古的设计氛围，以绘画的形式展示和记录了设计主题理念。

二、应用型产品效果图

有些企业在无主题或没有制定企划的情况下，根据流行的色系、面料等元素以实际应用为主，进行设计开发。在客户需要的情况下完成款式效果绘画并附上配色小样、结构造型、工艺细

图2-27　主题型产品效果图

节、面料小样等，需要时还附上1：1样板结构图，以便企业直接应用。这样的应用型产品效果图覆盖了各种风格的产品设计图，可以适合不同风格的品牌企业应用。应用型产品效果图在款式设计公司使用较多，更加注重实际应用，主要以出款为主（图2-28）。

图2-28根据流行色系、面料等元素等以实际应用为主，表现设计与搭配组合效果，在需要的情况下再完成款式效果绘画并附上配色小样、结构造型、工艺细节、面料小样等，以便企业直接应用。

三、单品设计效果图

单品设计效果图是服装企业应用比较广泛的一种表现方式，一般企业在有企划的模式下，要求设计师绘制单品设计图，之后再组合搭配，或者直接以单品出样。单品设计效果图绘制款式细节比较详细的单品图，把服装的结构特征，如衣

服的缝、省道、开衩、褶及一些装饰手法等，都能清晰、明确地表现出来，必要时还需要标示款式细节，包括服装的结构、比例、工艺、尺寸等，或者画出服装背面平面图或局部放大图，并标注文字说明或附贴面料小样（图2-29）。

图2-29　单品设计效果图

COLOR INSPIRATION
色彩搭配

图2-28　应用型效果图

四、实务型品牌产品表现

服装产品一般是以品牌公司或工作室的形式进行产品设计的，即制定设计企划。所谓的产品设计企划是对服装新产品的设计规划，是服装产品设计开发的依据。设计企划中按照品牌大类划分不同的细节类别，如季节性产品表现分为春夏服装产品、秋冬服装产品，性别产品表现分为女装服装产品系列、男装服装产品系列，款式类别效果表现可分为外套系列、衬衣系列、裤装系列、裙装系列、内衣系列等。企划中制定一个品牌在特定的季节里各类型产品之间的逻辑关系、比例关系、色彩关系、面料关系、设计开发的先后顺序等，设计师根据设计企划运用绘画手段完成每个环节的产品设计。

因此，品牌产品设计表现时要根据产品框架的类别如性别大类、季节大类、款式大类，表现产品风格、主题、款式，同时还要涉及面料的选用、款式的搭配、色彩的运用、工艺特点、配饰方案等一系列元素，辅助完成产品绘画图，品牌产品的效果图也会贯穿于企划中各部分之间的结构环节中。

1. 季节性产品表现

服装产品是具有时效性的商品，服装产品能否在季节到来之际快速上市是赢得市场竞争的重要手段。服装品牌在制定企划时一般会按照年度或者季度进行分批、分次地完成主题拟定，如早春系列、春夏系列、秋冬系列等。进行产品效果绘画时，在把握主题和流行色的前提下，春夏季系列表现的要清新、轻柔，秋冬季节产品要偏厚重，在进行产品表现时面料质感绘画起到了非常重要的作用（图2-30～图2-32）。

图2-30中春季服装产品分暖春和春夏等不同感觉的效果形式，图2-30中这款春季产品效果图是初春时节，乍暖还寒时既带有春季的清爽，又存留冬季的寒意，在绘画表现时以轻薄为主，可以搭配一些温暖的肌理部分。

图2-30 春季产品效果图

冬季服装产品以棉服、毛呢类为主，在绘画表现时以厚重为主，如图2-31中棉服的辑缝肌理和毛呢面料图案肌理表现很详细。

图2-31　冬季产品效果图

图2-32　秋季产品效果图

2.性别产品表现

服装品牌在进行大类划分时一般以某某女装品牌、某某男装品牌，或者某某品牌男装区、女装区标示。性别品牌服装产品的设计框架分类时一般遵循"5W、2C、1H"原则，其中5W之一即"Who"：服装产品整体设计的对象，即人们首先要考虑的是穿着对象，依据穿着对象的各项需求和信息进行产品设计。关于设计对象，我们可按照性别对其进行分类，如男装设计、女装设计款式（图2-33、图2-34）。

图2-33中的这组男装效果图是以服装着装效果绘画为主，数码绘制着装效果对产品款式设计有很直接的成品概念。

图2-34运用的是钢笔淡彩绘画，手绘款式的正面、背面细节，同时附上款式设计的配色方案，有利于产品后续工作的开展。

3.款式类别效果表现

服装款式指服装的式样，通常指形状因素，是造型要素中的一种。服装产品款类别效果表现种类多种多样，如按照穿着方式有旗袍、礼服、大衣、风雨衣、披风、睡袍、睡衣裤、套装等。上装通常有西服、背心、牛仔服、中山服、军便服、青年服、夹克、猎装、衬衫、中西式上衣、棉袄、羽绒服等，下装通常有裤、裙、背心裙、斜裙、鱼尾裙、超短裙、褶裙、西服裙、西裤、中式裤、背带裤、马裤、灯笼裤、裙裤、连衣裤、喇叭裤、连衣裙等。很多服装品牌用服装大类确立服装子品牌，或者在进行产品设计时按照服装大类进行开发设计，如外套设计组、针织毛衫设计组、裙裤设计组等。因此，在进行类别效果图表现时多数进行单类款式类别效果的表现，绘画方式以单款绘画较多（图2-35、图2-36）。

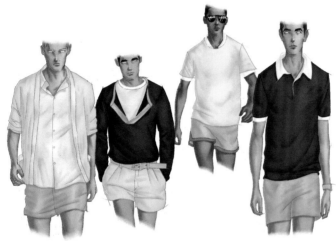

图2-33　男装产品展示效果图

图2-34　男装产品设计效果图

　　图2-35主要是男装上衣的产品设计，运用淡彩技法绘画完成效果图，手绘上衣的款式细节，附款式的背视图，效果直观。

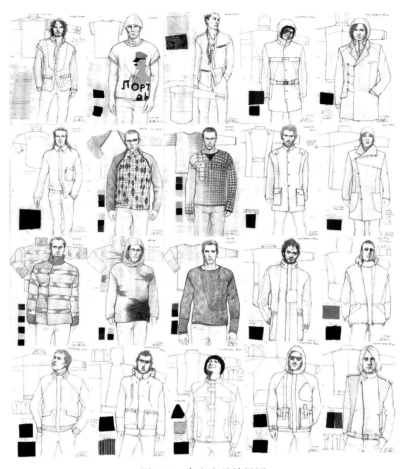

图2-35　上衣产品效果图

　　图2-36主要以数码绘图方法来完成中长外套效果图产品设计绘画，外套上衣的款式细节详细，面料质感强，花纹清晰，效果直观。

图2-36　中长外套产品效果图

4.系列化服装产品设计的效果表现

服装产品设计的系列化是服装产品设计的常规内容之一，它是服装产品在推向市场时的一个基本特征。服装产品系列化特征优势明显，对于服装品牌而言，能够显示服装品牌自身产品的研发能力、设计能力，从更深度层面来看，可以拓展品牌的发展空间；对于消费者而言，产品系列化可以扩大选择产品的范围，提升消费者对服装品牌产品设计能力的肯定；对服装销售而言，可以增加产品的丰满度，为消费者提供较多可选择的产品。

品牌服装产品多数以系列化形式进入市场，具备系列化特征的服装品牌才拥有长久的市场生命力。例如，一些早期通过单一产品发展起来的服装品牌，如以衬衫、西装、羽绒服、羊绒等单款著名的品牌，现在多数已经从事系列服装产品的开发，摆脱单一性的产品销售劣势，延续服装产品的生存空间，实现了服装品牌由点到面的发展思路，拓宽了服装品牌的发展方向。因此，现在的服装品牌企业都是以系列化设计模式存在的，从产品设计企划就以系列化形式开始，产品设计稿也是系列化设计绘画（图2-37～图2-39）。

图2-37是中世纪时经典的绘画作品，虽然当时没有系列化概念，但作者的绘画表现主要以系列的中长外套效果图来完成产品设计绘画，手绘蕾丝细节表现得很完善。

图2-39是典型的系列设计绘画作品，在服装的风格、款式、色彩、面料的元素都确定的情况下，设计师进行产品绘画，运用综合技法绘画休闲风格男装设计稿。

五、效果型定制产品表现

定制服装是时尚的最高境界，定制服源于巴黎著名的设计师Charles Frederic Worth（查尔斯·沃斯），他于1858年在巴黎开创了高级定制服的先河，最终成为法国人崇尚奢华古老传统的代表，并被命名为"Haute Couture"（高级定制），而英语直接将法语借过来用，"高级定制"简称"高定"。

服装定制，其实在服装业中，可以算是一个最古老的制作方法。从开始有裁缝的历史起，服装都是根据不同个人量体裁衣，然后由裁缝根据尺寸定做，不同的人都有不同的做法，因此，一般来说，每件服装都是个性产品。不过，自从20

图2-38 　系列女装产品效果图

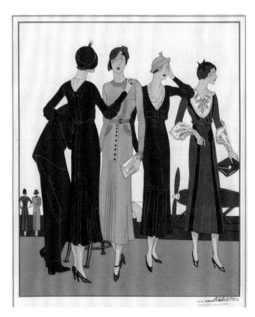

图2-37 　中世纪系列服装产品效果图

图2-39 　系列男装产品效果图

世纪中叶出现"成衣"这个词语，裁缝店也就慢慢淡出了服装的制作舞台，虽然没有消失，但在服装的比重中已经不如从前了。

21世纪，服装量身定做又开始在城市中出现，并重新占据了一个重要位置，主要服务于都市白领、城市新贵，讲究品位和个性的人物。服装定制作为提升自身形象的一种方法，成为区别他人的一种标志，也成了新富阶层的一种时尚。只要你打一个电话，设计师就会如约而至，他会为自己的客户量身并进行形体设计，对着装提供建议，建立个人量体信息数据库，同时每隔一段时间会进行体型数据修正，按季节、场合提供定做服装的服务（图2-40）。

当然，再高档的服装也需要设计稿绘画表现，尤其是定制类服装设计，绘画表现的要求会更高、表现形式会更多样、更加注重表现风格和绘画个性，所以高定设计稿的效果很重要。

绘画定制类服装效果图的作用在于，一是有利于设计师检验最初设计构思的穿着效果，借以听取意见，不断修改完善；二是告诉服装制作人员设计师的构思意图和追求效果，利于制作人员领会和相互配合。因此，定制类服装效果图的要求同样也是要画得较快，并且对于服装的结构、比例及工艺等方面要求较为严格。通常还要画出服装背面平面图或局部放大图，并可标注文字说明或附贴面料小样等（图2-41、图2-42）。

图2-41运用简单的速写线条，手绘高级成衣绘画作品，人物造型运用了刚劲的粗线条，服装肌理运用错落有致的细线条。

图2-41　定制类速写服装产品效果图

图2-42是比较经典的定制成衣绘画作品，运用了写实的绘画表现方法，并简单绘制了定制成衣的穿着效果，配饰、玩偶与设计作品组合形成了一幅完整的设计稿。

图2-40　高级定制服装

图2-42　定制类服装产品效果图

六、数码效果表现

1.电脑软件绘图效果图

电脑软件绘图的发展非常迅速，早已取代了喷笔等工具，电脑绘制服装效果图已经成为服装产品设计的创作工具。电脑数字化绘图的特点是软件具有丰富的应用工具和表现手法，强大便捷的效果塑造技术，方便、高效、快捷的绘图过程，安全的存储功能，多种信息的传送方式等，数码绘图在提高工作效率的同时，对提高作品的表现力更有优势（图2-43～图2-47）。电脑绘制服装效果图的常用软件：图像软件Photoshop，矢量软件Illustrator、CorelDraw，绘制软件Painter等。

图2-44 数码绘制服装产品效果图

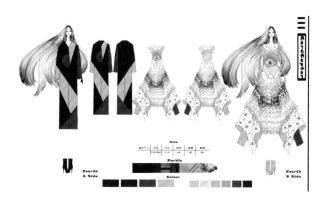

图2-45 数码绘制服装产品及配色效果图

图2-43 线面风格数码绘制服装产品效果图

图2-46 数码绘制系列服装产品效果图

图2-47　数码绘制服装产品及款式效果图

2.三维式服装效果图

三维式效果图是先利用三维虚拟现实技术将织物三维化，从而合成三维服装；其次，搭建一个三维人体模型，最终进行三维服装的着装试穿（图2-48）。

首先，必须利用三维虚拟现实技术将织物三维化，从而合成三维服装。但是，织物不同于常见的刚体，易于形变，这就成了这项技术的一个难

点，国际上比较流行的技术基本克服了这个难点。

其次，搭建一个三维人体模型。三维人体模型的搭建除了简单的三维建模技术之外，还需要提供人体调节的功能。而且人体会按照各个地区人们的体形特点而有所区别。人体调节，除了各个部位围度的调节之外，还要有整体的调节。

第三，三维服装的着装。三维服装穿在三维人体身上后，必须根据人体形体的凹凸、服装的材质等条件约束后产生形变，从而判断服装的舒适程度，达到着装的目的。

3.3D打印

3D是近期非常热门的名词，几乎每个行业都能找到3D的影子，服装也不例外。自从2010年，荷兰新锐服装设计师伊里斯·凡·赫本在阿姆斯特丹时装周上首度发表3D打印服装，这次3D打印服装在巴黎时装周的亮相，使得科技与时尚再一次擦出火花。不过，3D打印服装并不是3D照片，而是将工业设计圈纸通过三维打印技术，将设计创意直按打印出来。3D打印的好处在于"只要图能画出来，就能成真"，这种技术也逐渐成为

图2-48　虚拟三维式服装效果图

当今潮流思维的重要环节，对时尚服装起到了一定的推进作用。

　　3D打印技术是服装产品的一项新技术，是一种以数字模型文件为基础，利用虚拟图像经计算机处理，创造真实生产的过程。3D技术简化了服装设计过程，根据身材设计出款式，全过程利用3D扫描、打印直接出成品。3D打印技术使得传统服装设计转型为智能化服装设计，推动着智能服装设计的不断进步（图2-49、图2-50）。

　　设计师Noa Raviv诺亚拉维夫3D打印服装时装系列，以网格和线条为灵感，应用现代风格的电脑模式，使用多材料3D打印技术创建了设计的3D服装成品效果（图2-49）。

　　设计师Noa Raviv 3D服装结合了大胆的黑白相间的图形图案与鲜艳的橙色搭配，有机污染物形成的紧身衣和立体艺术的上衣，塑造了完美的服装造型（图2-50）。

图2-49　3D打印服装产品效果图

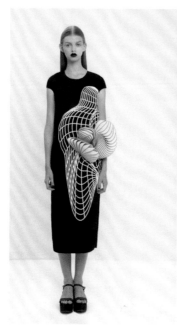

图2-50　3D打印技术服装产品细节效果图

服装产品款式图表现形式

服装款式图是对服装效果图的必要补充,包括服装的正面、背面款式图,现代企业多数要求用CorelDraw、AI等电脑软件绘制。在绘制服装款式图时应注意,比例应正确,线条要清晰明朗,最不容忽视的是服装款式的细节,要表现的充分、完备,甚至于精细到一颗纽扣的造型、一根缝线的针距。

一、手绘服装产品款式图

1.铅笔单线

铅笔单线是服装平面款式图中最常见的表现方法。它以铅笔为主要表现工具,采用单线的形式对服装款式进行描绘。铅笔简单实用、方便易学、便于修改,画面效果清晰明确,对缝缉线、省位以及工艺装饰等细小部位能够做深入的描绘。绘制服装平面款式图通常以选用软硬适中的2B、

4B铅笔为宜,同时还可配合马克笔做简单的调色处理,使表现效果更加完善(图2-51、图2-52)。

图2-52 铅笔单线服装产品款式图

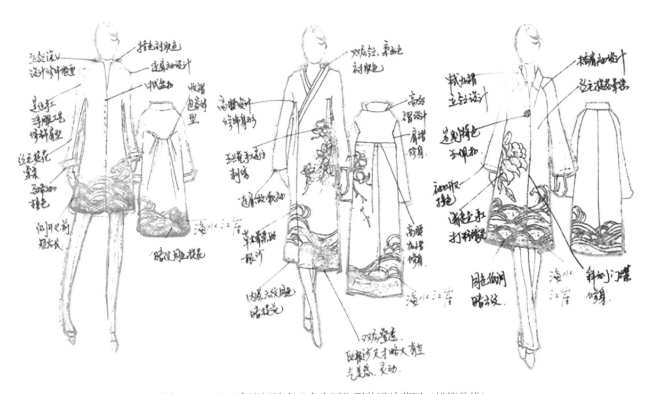

图2-51 APEC会议领导人"夫人团"服装设计草图(铅笔单线)

2.铅笔淡彩

铅笔淡彩是对铅笔单线的一种补充，它以铅笔单线为表现基础，通过运用色彩描绘材料质感和款式配色。由于服装平面款式图强调的是服装的款式与结构特征，因此着色工具通常选用水彩及水溶性铅笔，并以简单、实用的平涂和素描技法为主。在色彩运用上也主要以体现材料的色相特征为目的，而不是片面追求写生色彩的效果（图2-53）。

图2-54　钢笔单线服装产品款式图

图2-53　铅笔淡彩服装产品款式图

3.钢笔单线

顾名思义，运用钢笔单线的表现手法，主要采用的工具是钢笔。绘制平面款式图的钢笔工具分为粗细可变的速写钢笔和新型的签字笔。速写钢笔的线条变化丰富，既可以绘制粗细一致的单线，同时还可以对单线进行加粗处理，使服装平面图的款式结构更为清晰（图2-54、图2-55）。

图2-55　钢笔单线淡彩服装产品款式图

4.钢笔淡彩

钢笔淡彩的性质和铅笔淡彩完全相同，它是对钢笔单线的一种补充，通常选用水彩以及水溶性铅笔等彩色颜料，以实用的平涂、素描和渲染技法为主。水溶性铅笔可以根据画面效果需要，通过毛笔蘸水的方法来渲染。这种方法简单易学，画面效果简洁明快，在实际应用中具有较强的可操作性（图2-56）。

图2-56　钢笔淡彩服装产品款式图

5.马克笔表现

马克笔是一种专业性较强的作画工具，使用简单方便，效果干净利落、纯净透明。通常配合签字笔、钢笔等工具使用，是快速记忆的最佳工具，适合服装平面款式图的色彩表现。但马克笔的颜色不能调和，一笔一色，为避免无法修改的错误，上色前一定要做到胸有成竹、落笔成型（图2-57、图2-58）。

图2-57　马克笔服装产品款式图

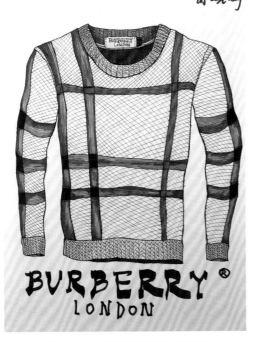

图2-58　马克笔服装产品款式图

二、数码绘制服装产品款式图

绘制平面款式图的软件有很多，如Photoshop、Auto CAD、CorelDraw、航天、思路达、金顶针等，但目前用得最多的是Photoshop、CorelDraw和AI等功能强大的图形制作软件。Photoshop能够很方便地进行图像、色彩的选取及调整，因此非常适合图形的处理。利用电脑绘制的服装平面款式图，不仅画面新颖、图像清晰，更重要的是电脑制图作为一种全球化的通用语言，能使大家的沟通与交流更加方便（图2-59～图2-64）。

款式图的绘制不管运用手绘技法还是数码绘制，都要把握服装结构和细节的比例关系，以及线条的虚实关系，肩宽、袖长、衣长等必须遵循人体的结构规律，局部细节绘制要根据人体着装效果来完成。服装款式一般廓形线运用粗一些的实线，结构和细节线条虚实表现稍弱，但线条要详细、清晰，比如拼接、缉线、口袋细节、图案花纹等要绘制完整。

图2-59　数码绘制写实服装产品款式图

图2-60　数码绘制服装产品正面、背面款式图

图2-61　数码绘制大衣产品款式图

图2-63　数码绘制服装运动休闲式产品款式图

图2-64　数码绘制服装搭配产品款式图

图2-62　数码绘制女装产品款式图

服装饰品表现形式

服装饰品是服装产品设计的重要组成部分，同时也是独立的产品。以配饰为主题的服装产品设计是指与服装产品设计主题相吻合的服饰配件的产品设计，在服装主题设计中起到画龙点睛的作用，使产品主题更加完善。配饰主题一般分为装饰性配饰主题如首饰、包、披肩等，功能性配饰主题如帽子、鞋子、袜子等。服饰配饰主题是服装系列化设计的要素，在具有共性的系列效果中展示个性，起到统一协调整体效果的作用。由于服饰配件对服装整体设计的依附性与从属性，所以搭配时它的造型、色彩、材质、工艺设计都要与服装产品的主题相呼应，才能使服装整体着装效果具有鲜明的倾向性，强化服装主题风格（图2-65）。

图2-65是以服装与配饰同一风格产品搭配绘画为主，采用简笔淡彩手绘服装效果图和服饰产品细节效果图，同时着重表现配饰与服装风格的协调性。

图2-65　服饰品绘画效果图

配饰的设计追求个性和时尚，更加注重配饰与服装流行主题的风格呼应，以及自身的审美性、装饰性和象征性。时尚流行趋势主题同样也是配饰设计的灵感来源，服饰品要根据时尚流行主题进行开发设计，才能赋予配饰丰富的精神内涵，它们

相互依存、相得益彰，时尚主题搭配独特的配饰主题设计，设计效果才能更出色，更打动消费者。

服饰配件的绘制，首先要根据服装产品的整体风格进行主题分析，然后确认饰品的结构形式，线稿满意后着色的依据依然是画面的整体效果，并且值得注意的是，饰品的质感和皮肤质感及服装面料质感不一样，在选用绘制工具和创作手段时要特别注意画面风格的统一协调。

一、手绘服饰品效果图

1.首饰品手绘效果图

首饰品种类繁多，根据设计需要分布在人体多个部位，如颈部、耳部、腕部、指部等。平面款式图在绘制上要求个体构成一个完整体系，除了绘画风格之外，还要在质感体现上突出材质的特性。首饰品多数以金属或珠宝为主，绘画表现其金属质感和珠宝光泽感尤为重要（图2-66～图2-72）。

图2-66是手部饰品效果图的绘画，主要是运用综合绘画表现完成的，手绘线稿和数码处理以及写实图片拼贴的综合运用，从正面透视表现这款饰品的结构和造型。

图2-66　手饰品绘画效果图

图2-67的颈部饰品效果图的绘画写实且细致，主要是色彩和光感把金属材质和绿色翡翠的质感表现得淋漓尽致，很完美地展示了这款项饰的造型和质感。

图2-67　颈饰品绘画效果图

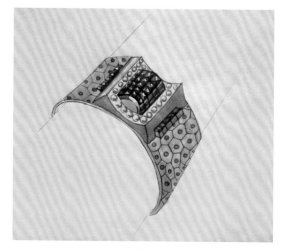

图2-70　手腕饰品绘画效果图

　　图2-68运用了写实的手法绘出了手镯饰品的正视图，一般情况下饰品都会分正、侧、背三示图，这样才能够全方位地表现设计的结构和造型，这款饰品主要是运用色彩和光感把金属材质和珠宝的质感淋漓尽致表现出来。

图2-68　手镯饰品绘画效果图

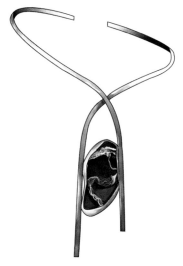

图2-69　挂坠饰品绘画效果图

图2-71　首饰着装的绘画效果图

图2-72　首饰佩戴的绘画效果图

2.包袋手绘效果图

　　包袋在服装的穿着空间中起到很好的强调和调节作用，是服装整体设计的一部分，有时也以独立的产品形式存在。包袋产品设计的绘画和服装的绘画表现基本相似，除了把握包袋的结构要点和质感表现，更要把握包袋与服装主题风格的协调性，包袋的整体造型对服装起到烘托作用。包袋的材料丰富，以皮草、牛津布、复合面料等为主，绘画表现时主要强调款式造型和材料质感，单品的效果图和款式图也需要针对这一属性进行细节的强调（图2-73～图2-79）。

　　图2-73是运用简单的单色素描手绘的拎包绘画作品，包的造型准确，运用了刚劲的塑形线条，暗部加强白粉提亮高光，细节刻画精确，是一幅完整的产品设计稿。

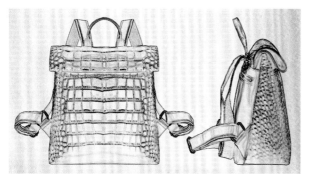

图2-73　包的素描绘画效果图

　　图2-74的绘画写实，主要运用明亮色彩和光感把包的材质和金属配件的质感表现得非常详细，局部细节刻画细致，是一幅结构完整和造型经典的手袋效果图。

图2-74　写实绘画包的效果图

　　图2-75应用了水粉和马克笔手绘手法，主要表现包的面料纹样，以及面料制作完成背包实物的效果图。背包纹样以花卉为主，花卉造型生动、色彩搭配和谐、纹理细节刻画细致，为实物生产提供了仿真的效果参考。

图2-75　图案运动包的绘画效果图

图2-76　图案手包的绘画效果图

图2-77　挎包的绘画效果图

图2-78　包的水彩绘画效果图

图2-79　包的配戴效果绘画

3.鞋靴手绘效果图

　　鞋类款式丰富，造型变化多端，在鞋子效果图的绘画上以鞋子造型和穿着效果为主，同时还要注意鞋子的结构和比例设置，比较鞋子和服装之间的关系，并且按照造型和透视原理完成鞋子的造型，然后进行效果图的细节绘制。鞋子以皮革、塑胶、帆布等材料为主，造型挺括质感强，绘画鞋子效果图时鞋子的质感、光感尤其重要（图2-80～图2-85）。

　　图2-80主要是运用速写黑白装饰线条而完成的，运用简单的线条可以表现这款鞋子的结构和造型，线条简单细节清晰，是典型的简笔线条绘画技法。

图2-80　鞋的线稿绘画效果图

图2-81　鞋的淡彩绘画效果图

图2-82　鞋的写实绘画效果图

图2-83运用马克笔添色手绘装饰纹样来表现鞋子的绘画手法，鞋的面料选用具有装饰纹样的材料，并用面料装饰纹样完成鞋子的效果图。纹样以装饰花卉为主，色彩选用了对比色系，装饰纹样细节绘画细致，为实物生产提供了仿真的效果参考。

图2-85　鞋的着装绘画效果图

4. 帽子及其他配饰手绘效果图

帽子在服装空间的装饰作用是有目共睹，是搭配服装主题效果的必要补充。帽子的材质丰富，有针织物、梭织物、皮草、毛呢等，造型有柔软，有硬挺，绘画手法与服装面料质感表现相同。在帽子产品设计时，以帽子的款式造型设计为主，在效果图绘制过程中也应当注重帽子与头部的关系、帽子的比例关系和造型特征，也可以进行帽子的多角度绘制，以帮助理解造型结构，同时也可以体现帽子与服装的协同关系（图2-86～图2-89）。另外，腕表、挂链等也是服饰的重要组成部分，同样对服装起到重要的烘托作用（图2-90、图2-91）。

图2-83　鞋的图案绘画效果图

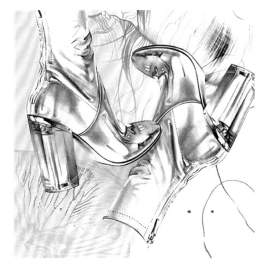

图2-84　鞋的创意绘画效果图

图2-86　帽子的线稿绘画效果图

图2-87　帽子的造型设计绘画效果图

图2-88　帽子的正背视绘画效果图

图2-89　绒线帽的绘画效果图

图2-90　腕表的绘画效果图

图2-91　项饰佩戴的绘画效果图

二、数码绘制服饰品效果图

配饰绘制用到的电脑软件与服装款式图用到的软件类似，如Photoshop、Auto CAD、CorelDraw等，但目前用得最多是Photoshop、CorelDraw和AI等功能强大的图形制作软件。用电脑绘制的服装服饰品效果图不仅画面新颖、图像清晰、造型准确，更重要的是电脑制图作为一种全球化的通用语言，能使大家的沟通与生产更方便，同时为产品设计的生产和开发提供了便利的途径（图2-92～图2-96）。

图2-92　数码绘制包袋线稿效果图

　　图2-93主要是运用数码绘画完成，主要运用
lllustrator、CorelDraw，Photoshop等应用便捷的
矢量软件来表现包袋的结构和造型，效果图中用
色彩的明暗塑造的包立体感强，皮革包身和金属
配件的质感生动。

图2-94　数码绘制钻石饰品效果图

图2-93　数码绘制彩色包袋效果图

图2-95　数码绘制钻石鞋品效果图

图2-96　数码绘制棒球帽效果图

第五章 服装产品设计图例赏析

一、产品效果图赏析

服装产品效果赏析见图2-97～图2-131。

图2-97的数码绘制产品设计效果图，人物的造型和神态都体现了服装产品的风格，在绘画表现时以面料表现为主。上衣材质为粗犷的牛仔面料，皮草毛领，下落肩宽松袖型，配厚底休闲鞋，款式风格明了，面料质感特征一目了然。

图2-97　牛仔面料服装产品效果图

图2-98　毛呢面料女装服装产品效果图

图2-99 裘皮面料女装服装产品效果图

表现棒针织服装产品的效果有很多种，图2-100是数码贴图，是在后期进行服装衣褶处理完成的。着装效果图和款式图为同系列的产品，在绘画表现时以同系列面料表现为主，把针织毛线的不同纹理都很细致地表现出来，为服装的生产提供了详细的依据。

图2-101 春夏季服装产品效果图

图2-100 棒线针织服装产品效果图

图2-102 秋冬季服装产品效果图

　　图2-103除了有产品的效果图、款式图，还包括配色小样和尺寸表等，有时还附面料小样。效果图的绘画大胆，表现力度夸张，真实地体现了服装穿着的风格。

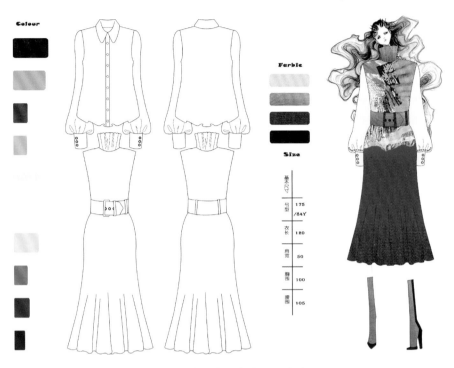

图2-103　创意风格服装产品设计效果图

COLOR INSPIRATION

Loose mesh knits work well with wide-leg pants and skirts. It looks slouchy and cozy in summer. The match of A-line long dress with stripes and wide-leg pants with stripes contains feminine and urban feelings.

宽松薄形的镂空针织衫搭配阔腿裤和半裙都是夏季的最佳选择，给人慵懒和舒适的感觉。条纹A字长裙搭配条纹阔腿裤则多了晚分大女人的女性味道和都市情怀。

图2-104　都市风格服装产品设计效果图

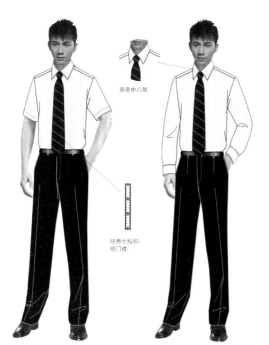

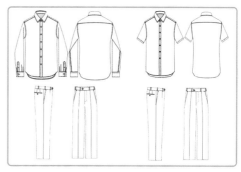

款式结构

说明：此组衬衫，采用经典七粒扣、商务中八领、外加明门襟、圆下摆、无口袋款式。选用浅蓝色条纹衬衫搭配藏蓝色或深色裤子，既庄重得体又简约、大方

图2-105　职业风格服装产品设计效果图

图2-106运用简单的速写线条，绘制成衣绘画作品，人物造型完整运用了刚劲的粗线条，服装款式比例真实，图案立体清晰。服装款式绘制完整，排列错落有致，是一幅完整的设计稿。

图2-106　休闲女装产品设计效果图

图2-107　LADY风格女装产品设计效果图

图2-108　街头风格女装产品设计效果图

COLOR INSPIRATION
—— 色彩搭配 ——

Clean tailorings, vertical lines, pastel colors, delicate details and minimalist silhouettes are gathered to create handsome image exactly right. Handsome profile type, transparent material throughout the match, thick and thin contrast material, the collocation of hale and hearty and soft, not deliberately, just good.

利落的裁剪、垂直大缝线、柔和的色彩、精致的细节、极致简约的廓形，打造独具气质的转继形象。时髦的廓型，通透材质贯穿整穿搭搭配，厚与薄材紧对比、硬朗与柔和的搭配，不是刻意而为之，只是刚两好的恰到好处。

图2-109　极简风格服装产品设计效果图

COLOR INSPIRATION
—— 色彩搭配 ——

Natural and rustic browns are complemented by brighter orange-yellow. Tiffany green chiffon is light and fresh, matched with red-orange shorts to nod to the theme of ethnic resort.

自然纯绿的棕色系，通过较夹的橙黄色进行互补，带蒂尼绿色的雪纺更期轻透清爽；在红橙色的热爆搭配下，具有鲜明的民族度韵感。

图2-110　民族风格装服装产品设计效果图

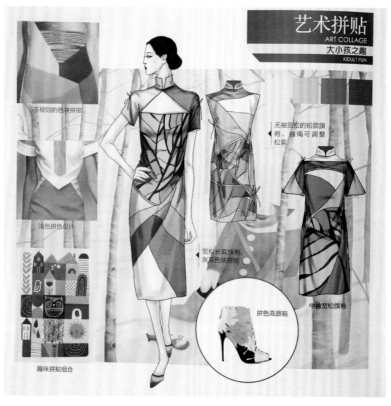

图2-111　中式女装服装产品设计效果图

图2-112　时尚风格女装产品设计效果图

图2-113　针织女装产品效果图

　　图2-114的皮草产品效果图是一幅比较完善的设计稿，有产品的效果图、款式图，还包括服装配饰、面料小样、配色等，效果图的绘画风格写实，真实地表现了服装穿着的风格。

图2-114　皮革皮草装服装产品效果图

图2-115是中式旗袍设计稿绘制比较完整，运用数码绘画表现技法，除了效果图，还包括主题氛围、服装配饰、面料小样、配色色彩等，运用中国画和书法的主题风格真实的表现服装的整体氛围。

图2-115　中式风格服装产品效果图

图2-116的作品亮点主要在服装面料的绘画表现上，设计稿运用数码与手绘结合的绘画技法，人物造型运用了刚劲的线条，服装面料纹样表现灵活，图案比例和面料明暗变化自如。

图2-116　时尚男装产品效果图

　　图2-117的这款休闲男装的产品设计稿，运用素描的明暗关系表现质感的牛仔上衣，休闲针织连帽衫与深灰色外套配色协调，运用简单的速写线条背景提亮产品效果图，丰富的服装配件加强了设计稿的整体感。

图2-117　休闲男装产品效果图

图2-118　商务男装产品效果图

图2-119　潮牌男装产品效果图

图2-120　系列女装产品效果图

图2-121　系列男装产品效果图

图2-122　系列少女装产品效果图

图2-123　系列夏季女装产品效果图

图2-124　系列秋季女装产品效果图

　　图2-125是运用数码绘画来表现服装产品，服装款式表现清晰，人物造型多变，面料质感多样，面料有皮革、皮草、针织物等，是一幅表现写实、细致完整的系列冬装设计稿。

图2-125　系列冬季男装产品效果图

图2-126　系列休闲风格产品效果图

图2-127　系列LADY风格服装产品效果图

图2-128　系列职业风格女装产品效果图

图2-129　系列萝莉风格服装产品效果图

图2-130　系列女装组合产品效果图

图2-131　系列男装组合产品效果图

二、产品款式图图例赏析

服装产品款式图赏析见图2-132～图2-151。

图2-132　印花T恤单品款式图

图2-134　卫衣单品款式图

款式图的绘制以运用数码绘画表现技法为多，主要运用Illustrator、CorelDraw、Photoshop等矢量软件，服装款式廓形线一般运用粗一些的实线，结构和细节线条表现稍弱，但要详细、清晰，比如毛领、图案、口袋细节绘制完整，图2-135是一幅表现写实、细致完整的设计稿。

图2-133　衬衫单品款式图

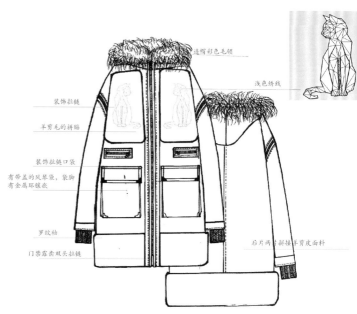

图2-135　毛领服装单品设计款式图

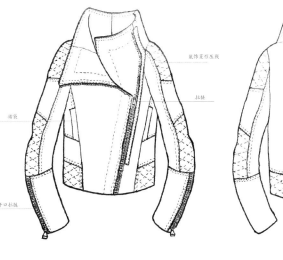

图2-136　夹克服装单品设计款式图

图2-137　大衣单品款式图

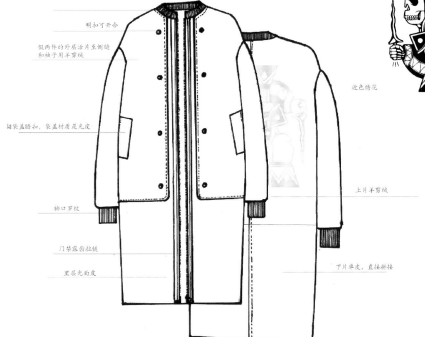

款式图的绘制不但要把握线条的虚实关系，服装结构和细节的比例关系也非常重要，比如肩宽、袖长、衣长等必须遵循人体的结构规律，细节绘制要根据人体着装效果来完成，比如上图驳口领很大，驳口线的位置一般以腰线为参考线，确定之后再确定驳头宽窄等（图2-138）。

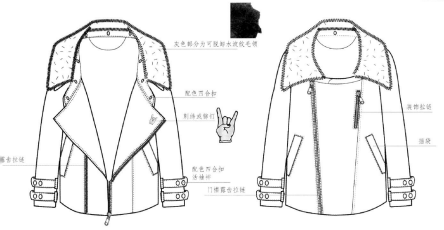

图2-138　机车服单品款式图

图2-139　配色单品款式图

图2-140　服装组合单品款式图

2018 SPRING / SUMMER　线稿集合

图2-141　款式线稿组合款式图

图2-142是一幅彩色款式设计稿，运用素描和色彩的明暗关系来表现质感的牛仔、毛衫上衣、休闲针织连帽衫与深灰色外套，运用简单的速写线条画出服装的轮廓线和结构线，设计稿的整体感强。

图2-142　产品设计款式图

图2-143　女装单品重组款式图

图2-144　女装单品细节款式图

图2-145　休闲风格女装产品款式图

图2-146　时尚风格女装单品款式图

图2-147　潮牌女装产品款式图

FASHION KEY ITEMS

图2-148　前卫风格女装产品款式图

图2-149　运动装产品设计款式图

图2-150　男装组合产品设计款式图

图2-151　女装组合产品设计款式图

三、服装产品设计手稿图例赏析

服装产品设计手稿赏析见图2-152～图2-165。

图2-152　服装产品设计速写手稿

　　产品设计手稿的绘画是根据设计构思随时记录下来的设计稿，根据需要可以绘成人物着装效果图，也可以绘成款式图，多数以简笔线条的形式完成手稿，有时也进行简单的着色和添加一些文字说明（图2-153）。

图2-153　服装产品设计草图手稿

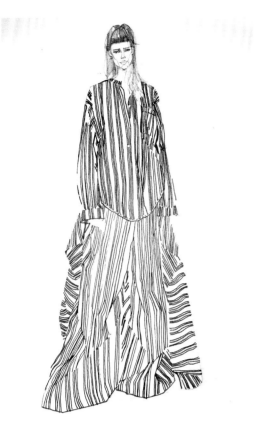

图2-154　服装产品设计手稿（正视图）

图2-156　男装产品设计手稿

图2-155　服装产品设计手稿（背视图）

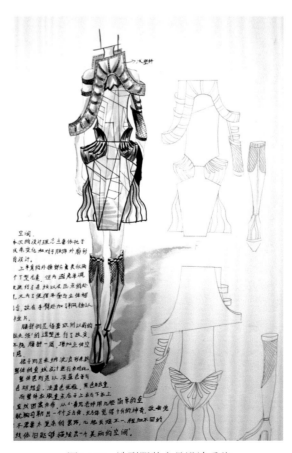

图2-157　造型服装产品设计手稿

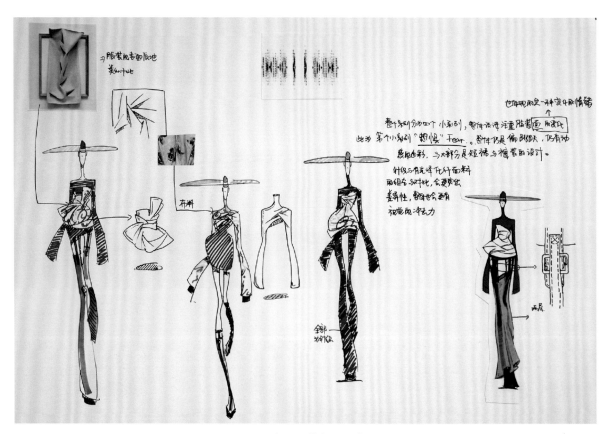

图2-158　主题服装产品设计手稿

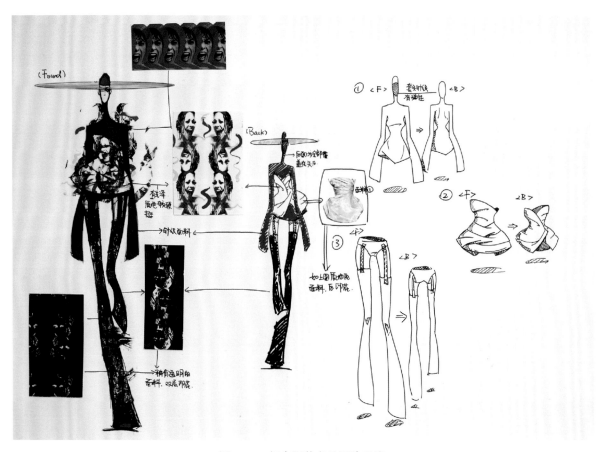

图2-159　组合服装产品设计手稿

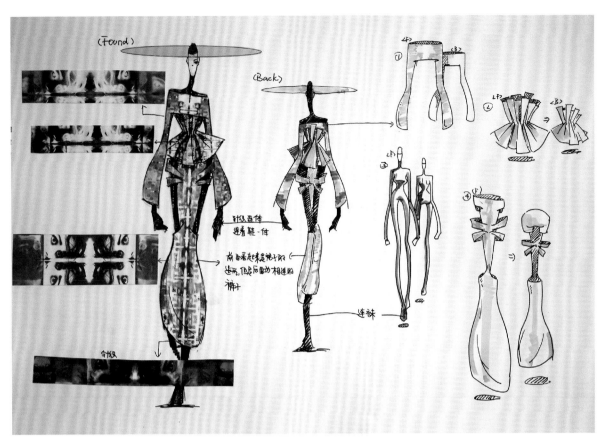

图2-160　配色服装产品设计手稿

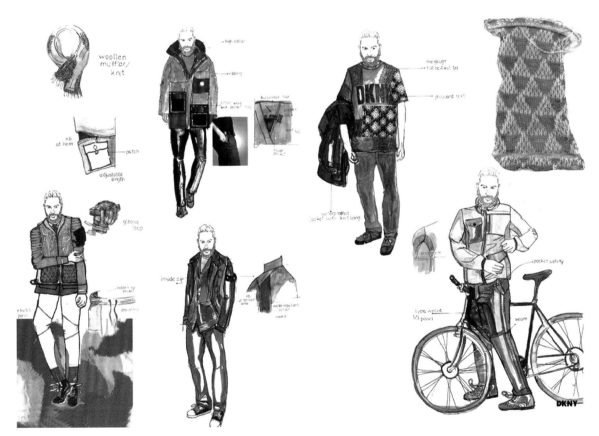

图2-161　系列男装产品设计手稿

Artist · René Robert Bouché
Art Director · Alexander Liberman
Publisher · The Conde Nast Publications Inc.
Publication · Vogue

图2-162　高级时装产品设计手稿

图2-164　Karl Lagerfeld（卡尔·拉格斐）产品设计手稿

图2-163　Tracy Reese（翠西·瑞斯）设计手稿

图2-165　BURBERRY（巴宝利）时装设计手稿

第三部分

服装创意设计效果图

第一章　服装创意设计效果图概述

创意设计由创意与设计两部分构成，是将创造性的思想和理念，以设计的方式予以延伸和呈现的过程，并将创造性的意念通过创造性的活动加以表现和实施，属于创新的范畴。服装创意设计是以服装为载体的创意设计，即运用服装元素发挥创造性的设计，并将设计过程实施和应用。服装设计表现是创新、美观与实用，但是服装创意设计则更多地偏向于设计理念的表现以及创意方法的展示，服装创意设计的目的是设计师设计理念的表达，是艺术的追求。

服装创意效果图与服装插画、服装产品效果图都不太相同，同时又具有服装插画和服装服装产品效果图的双重特点，服装创意效果图即具有服装插画的艺术感，又具有服装产品效果图细致地表现服装的造型、款式、色彩等细节特点，目的在于将创意设计构思转为可视形态，把设计师的创作意图通过设计理念和艺术效果直接明了地展示出来，运用人物造型姿态展示艺术设计的最佳视觉效果。比如最常见的服装创意效果图是服装设计大赛的投稿时期，主要以创意效果图的形式出现，其次高级定制类服装和舞台服装的应用也比较多。当然，创意服装设计的构思还需要通过绘画的手段来实现，娴熟的绘画表现技法是实现创意服装设计最有力的途径。

有英伦坏男孩称号的设计师（Alexander McQueen）（麦昆）有很多经典的服装创意设计作品，他的设计总是妖异出位，充满天马行空的创意。他的作品常以狂野的方式表达情感力量、天然能量、浪漫但又决绝的现代感，具有很高的辨识度。他总能将两极的元素融入一件作品之中，比如柔弱与强力、传统与现代、严谨与变化等。细致的英式定制剪裁、精湛的法国高级时装工艺和完美的意大利手工制作都能在其作品中得以体现。另外，Alexander McQueen充满创意

的时装表演，每件设计往往令人惊喜万分，更被多位时装评论家誉为是当今最具吸引力的时装创意（图3-1、图3-2）。Alexander McQueen创意服装作品的绘画表现也具有很高的辨识度，即使是艺术家也认为他的绘画效果图具有特有的麦昆风格（图3-3、图3-4）。

图3-1　Alexander McQueen（麦昆）创意服装作品

图3-2　Alexander McQueen创意服装

图3-3　插画家为Alexander McQueen绘制的系列创意服装效果图

图3-4 插画家为Alexander McQueen绘制的创意
服装效果图

一、服装创意设计能力

服装创意设计与服装设计在形式上稍有区别，创意服装设计更加注重服装的创意性和创意的绘画表现，服装创意效果图是创意服装从设计到实现过程的重要组成部分，是设计师的创意风格和设计理念的展示途径，也是指导服装作品实现的重要依据。

创意服装不只是为了盈利而创作的，更多的是对于设计师设计理念的传达，有时也是品牌的一种宣传策略。创意服装可以帮助设计师打开设计思路，拓宽设计方向。成功的创意服装设计作品可以吸引到同行业甚至世界的目光，使得设计师获得知名度。但创意设计绝对不是任意为之，它就像是一篇散文，形散神不散，紧紧地联系着设计师的设计理念，是设计师设计理念以及思想

精华的展现。

创意服装设计的实施首先要具备创意设计基础知识，专业兴趣、敏锐的观察力、审美能力等基本素养，同时敏捷的思维模式、打散与重构的能力、空前创造力以及前沿的预测能力都是创新设计的基本体系。当然，服装理论知识也是完成创意服装设计的必要条件，服装是一门科学，已经形成了系统的理论知识体系。主要包括服装史、服装设计学、服装美学、服装材料学、服装结构与工艺等。

1.基本的创新素养

服装设计是一门艺术，也是一门前沿学科。服装创意设计融造型艺术和科学技术为一体，体现了广泛的设计内容和独特的表现形式，以及前卫的设计构思和创新的艺术题材。作为一名引领时尚的服装设计师，具有专业兴趣、敏锐的观察力、审美能力等基本素养，是进行服装创新设计的基础。

服装是时尚产物，服装产品的艺术含量和科技水准随着时尚的发展逐步提高，创新设计元素和流行咨询信息是服装艺术参与时尚竞争的手段，是现代服装提升设计附加值、服装作品竞争力的关键。因此服装设计师具有敏锐素质的同时，必须具有创新的精神、创新的思维和创造新事物的能力，才能够创造出引领时尚的服装设计作品。

2.创造能力的表达

创造能力是指运用新思想，创造新事物的能力。它是成功地完成某种创造性活动所必需具备的心理品质。服装设计中创造能力是一系列连续的心理思维活动与设计实施活动的呈现，即运用设计思想和设计元素创新设计主题，通过设计形式和工艺技术，以自己独特的设计理念巧妙地组合、物化，营造出一种全新的设计感觉，这种感觉是同类产品所不具备的，而这种感觉又必须能够得到认可，并且能不断地变化、更新。创意效果图表现和创造能力是捆绑在一起的，捕捉设计灵感、运用联想思维重构设计空间、借鉴设计等方法进行创新设计，最后运用各种技法把创意设计想法用效果图绘画的方式表现出来（图3-5 ～图3-7）。

图3-5 捕捉设计灵感

图3-6 重构设计空间

图3-7 借鉴创意设计

二、服装绘画能力

绘画知识是实现创意服装设计第一步，设计需要绘画手段表现出来，创意设计需要更丰富的绘画手段来表现，因此，坚实的美术基础和广泛的艺术修养对于服装设计的表现至关重要，只有具备良好的绘画基础才能以绘画的形式准确地表达设计师的创作理念。

（一）造型表现基础

造型就是物体的基本形体和特征。造型基础就是了解物体特征，了解物体的比例空间关系，能够把物体的比例与结构通过绘画的方式表现出来。速写、素描、雕塑等艺术技能都可以表现物体的造型，要表现平面的物体造型可以运用速写、素描技法绘画出来，三维立体的物体造型也可以运用雕塑技术塑造出来，评价造型能力的好坏不是从像与不像的角度来体现的，能表现出物体的思想和内涵，才是造型表现的根本所在（图3-8～图3-11）。服装创意绘画的造型更是如此，要准确地表达设计师的设计理念，就要牢牢掌握服装造型表现的基础。

图3-10　注重造型的服装效果图

图3-8　造型表现手绘素描作品

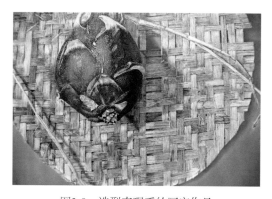

图3-9　造型表现手绘写实作品

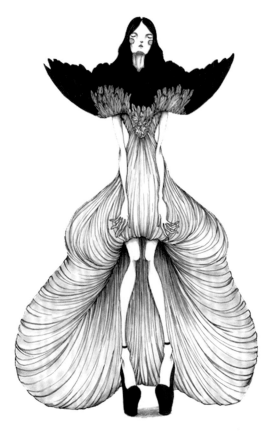

图3-11　注重造型的创意服装效果图

（二）色彩表现基础

色彩的应用在服装设计中很关键。能够自如地运用色彩可以为服装设计加分，否则，就不能很好地表达设计效果，也完成不了好的创意设计。

色彩虽然成千上万种，但它们都是由"红""黄""蓝"三原色相互渗透变化而来的，由它们再调出"间色""复色"，依次调和下去可以有千千万万的"间色""复色"产生。其中有规律可循，掌握色彩的规律并不是最终的目的，规律是死的，也很容易束缚住人，要慢慢地从千篇一律的规律中走出来，最终能把自己的情感和要表达的心情融进去。

因此，在绘画中掌握色彩的调和与搭配是表现绘画作品效果的重点。服装的色彩搭配与绘画表现也是如此，在服装创意设计效果图的绘画表现中，了解色彩属性和色彩质感的关系，把握色彩搭配与调和的应用，才能更好地完善设计（图3-12、图3-13）。

图3-12　服饰的色彩表现

图3-13　服装的色彩表现

（三）绘画技法应用

绘画技法对于设计师表达自己的设计理念至关重要，时装效果图可以快速地记录设计师的灵感，以最快、最直接的方式展示设计师的想法，绘画技术越好，就越能表现设计师的作品。常用的绘画技法有素描速写式简笔技法、干净利落的马克笔表现技法、水粉水彩着色绘画技法、多种材料综合表现技法以及电脑数码绘画等。任何技法都是以表达服装设计意图为目的，使服装创意设计达到最佳效果。

1. 素描速写式简笔技法

简笔技法通常选用软硬适中的2B、4B铅笔或签字笔作为主要表现工具，采用单线的形式绘制服装创意效果图。素描速写式简笔技法需要很强的造型能力和线条应用能力，简单实用、方便易学、便于修改，画面效果清晰明确，对服装的细节部位可以做深入的描绘，还可配合马克笔做简单的调色处理，使表现效果更加完善（图3-14～图3-16）。

图3-14　素描稿创意服装效果图

图3-15　简笔线稿服装效果图

图3-16　线稿服装效果图

图3-17　马克笔简笔画服装效果图

2.马克笔表现技法

马克笔是一种新型双头笔状的绘画工具，一种为油性马克笔，另一种是水性马克笔。笔头的形状也有尖头和斧头型两种。尖头笔适合勾线，斧头型用于大面积涂色块。马克笔的颜色较多，单色笔和渐变笔各种类型繁多，它是一种非常实用和理想的时装画工具。在画时装画的时候，我们大多采用水性马克笔。其特点颜色透明，使用方便，笔触与色之间较容易衔接。马克笔也可以与其他工具结合使用，先用钢笔或铅笔勾画人物，后用马克笔逐步上色。也可用马克笔勾线，用水彩或马克笔上色。

相对讲，马克笔更容易表现如格子面料、毛呢、硬挺的服装。不管时装质地如何，关键在于设计师灵活使用的技法。马克笔在平涂或勾线时，应该注意其特性，要充分表现马克笔的材质美感。用笔讲究力度，不宜过多重复涂盖，如果机械地使用马克笔，会失去它的美感。应该了解工具的性能，扬长避短发挥工具的长处，才能获得理想的效果（图3-17、图3-18）。

图3-18　马克笔创意服装效果图

3.水粉水彩着色绘画技法

使用水粉笔或水彩颜料来画效果图，采用擦笔或棉签等辅助材料来作晕化处理，是创作创意服装效果图的一种常见技法。这种方法能产生较丰厚的色彩效果，也比较容易体现某些特别的材质，如磨砂、水印、麂皮、针织等材料。水粉、水彩表现的速度可以很快，既可以造型，也可以铺色，还能够创造某些时装的意境。水粉和水彩因材质不同表现的效果也不同。水彩比较透明，绘画效果较轻薄；水粉厚重覆盖力强，适合表现厚重的秋冬季面料效果。纸张选择也很重要，有专门画水粉、水彩的纸张，较厚、机理较粗。也可选择普通细纹的各色卡纸，纸张颗粒没有那么粗，适合创作比较细腻的时装画。粉画笔也可画在纸板或麻布画框上，也可结合其他工具来作画，如与水彩、丙烯、色粉结合，会有不一样的意外收获（图3-19～图3-24）。

图3-21　水彩画创意服装效果图

图3-19　水彩画

图3-20　水彩画服装效果图

图3-22　水粉画创意效果图

图3-23　水粉画服装创意效果图

图3-25　数码绘画服装效果图

图3-24　水粉创意服装效果图

4.电脑辅助表现技法

电脑软件是表现效果的一种工具，效果图绘画的风格和绘画的效果不会因为是颜色绘画或者软件绘画而存在差别。如Photoshop、Auto CAD、CorelDraw等，主要是矢量图形的制作方法，被称为电脑辅助时装画的表现技法。绘画中可以将手绘与电脑辅助相结合，也可以纯粹运用电脑完成。但无论如何，你都需要具备一定的时装绘画基础，才能够借助电脑真正画好时装画（图3-25～图3-30）。

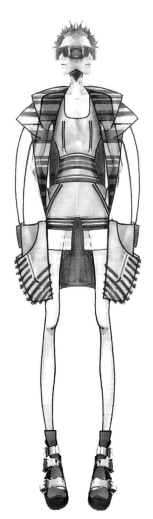

图3-26　数码创意服装效果图

图3-27　数码绘画的创意效果图

图3-28　数码服装效果图

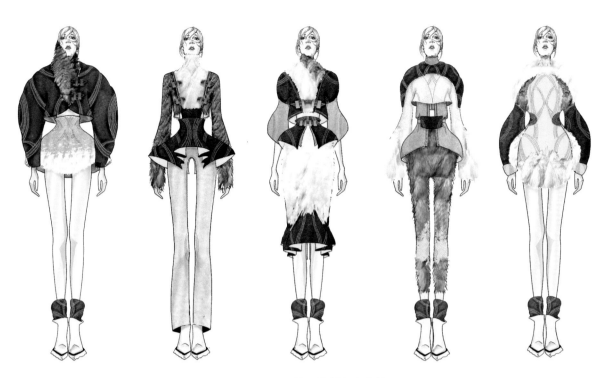

图3-29　数码绘画的服装创意大赛效果图

Blue Blue

图3-30　数码绘画的大赛效果图

5.综合表现技法

服装绘画表现技法丰富多样，当掌握了多种技法后，可以大胆尝试和探索，运用各种工具、材料和手法来进行创意绘画的创作，即综合材料表现技法。运用各种工具实现不同绘画效果，或者应用绘画、拼贴和多种非绘画类材料组合表现，能够比较直观而且整体地表现时装的材质、廓型，具有立体的真实效果，可形成很强的视觉冲击力（图3-31～图3-34）。

在很多服装效果绘画的创作过程中，并没有特定的工具与形式的限制。恰恰相反，如果你的时装画风格越是独特，形式感越是新颖，材料越是丰富，越是能够获得观者的青睐。尤其是在一些灵感创意的过程中，需要运用多种材料、工具和手法来进行时装画的创作，并将其融入设计的进程中。这种综合材料表现技法已非常普遍，一方面可以弥补绘画基本功的不足，另一方面也是体现设计创意的绝佳手段。

图3-31运用照片和图片拼接组合完成，选择合适的人物头像，服装部分运用服饰配件排列出服装造型，头部运用同色系的面料图片，最后组合形成创新的画面效果。

图3-33用手绘勾线淡彩完成效果图，然后再运用数码软件进行多层次画面重叠处理，最后形成艺术化的效果图稿。

图3-31　图片与实物拼接创意服装效果图

图3-32运用覆盖性强的水粉颜色绘画出效果图的基本造型和皮毛材料的面料肌理，再拼接成衣效果图片，绘画质感和真实的面料质感形成不同的视觉效果。

图3-33　综合技法表现的创意服装效果图

图3-34运用手绘、拼贴、数码等综合表现手法。

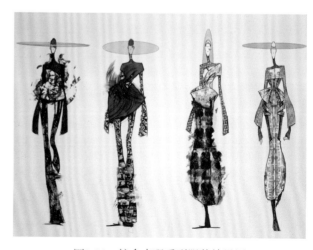

图3-34　综合表现系列服装效果图

图3-32　绘画与拼贴表现创意服装效果图

服装创意设计表现形式

一、服装设计大赛效果图表现形式

服装设计大赛是以服装创新为主要目的，展示设计师创新设计内涵，运用T台表演或者静态展示设计师的作品，为设计师们提供一个公开、公平、公正的舞台。如今，各路服装设计大赛层出不穷，给了众多设计师非常广阔的空间去发挥自己的才华。服装设计大赛除了考验服装设计师的设计能力外，还要主导流行趋势，引领时尚市场，为服装时尚创造风向标。一般服装大赛的流程是先投设计稿，以效果图的形式表现大赛设计主题，然后进行效果图筛选，最后以成衣的形式进行动态或静态表演，来决定大赛成绩。因此，服装创意设计效果图表现在服装大赛中起着决定性的作用，服装创意设计效果图的绘画一定要切合主题、注重创意、有个性、有趣味性、有丰富的想象力，能在众多设计稿件中脱颖而出。服装设计大赛是以系列化效果图的形式进行创意服装设计的，所以系列化创意设计绘画表现是设计师服装设计的基本技能，设计效果图绘画的创意性也是决定服装作品成败的关键。

（一）服装设计大赛分类

服装设计大赛按照类别可分为两大类，一类是创意服装设计比赛，另一类是实用服装设计比赛。如"兄弟杯"大赛是属于创意服装设计大赛。大赛特别强调表现设计师的自我意识，设计可以不受生活装的束缚，在创意的宇宙中自由飞翔，大赛要求设计作品要有鲜明的个性风格和时代感，并融于本民族的优秀文化之中，同时要求系列服装设计完整统一，富有美感，服装服饰配套有新意。"兄弟杯"大赛成功地举办了10届，造就了一批服装设计大咖。为了进一步促进各国间的文化交流与专业合作，经与"兄弟公司"协商，自2003年起，中国服装设计师协会邀请浙江汉帛服饰有限公司共同举办"汉帛"中国国际青年时装设计师作品大赛，即现在的"汉帛奖"大赛。除此之外，创意类服装设计大赛还有"中华杯"国际服装设计大赛、CCTV服装设计电视大赛、中国时装设计新人奖、大连杯中国青年时装设计大赛（兼实用）等。

另一大类是实用服装设计大赛，其风格偏向于成衣，讲求以作品的可穿着性和实用性为参考标准，商业价值突出，但是服装的设计也必须创新，服装参赛效果图的绘画也必须充满新意。如杉杉杯时装设计大赛、绮丽杯时装设计大赛、虎门杯国际青年设计（女装）大赛、真维斯休闲服饰设计大赛、浩沙杯中国泳装设计大赛、海宁·中国经编服装设计大赛、名瑞杯婚纱设计大赛、真皮标志碑鞋类设计大赛等。所有服装设计比赛都是以创新设计为主题设计，如中国时装设计新人奖，其征稿要求可在网上查阅。

稿件作品充满创新性和创意性，能展示设计新秀无限的创造能力。

服装设计大赛如果按照风格、大类等又可以分为很多种类，如女装设计大赛、男装设计大赛、童装设计大赛、内衣沙滩装设计大赛、休闲装设计大赛、职业装设计大赛、针织服装设计大赛、婚纱设计大赛等。不管哪类设计大赛，一般流程都是先投设计稿，因此，参赛服装的效果图在服装大赛中的作用不容小觑。

（二）服装设计大赛作品要求与表现

不同服装设计大赛的参赛要求都不同，一般具备以下几点要求：参赛作品应为符合大赛主题的创意性时装系列作品；参赛作品必须是未公开发表过的个人原创作品；具有鲜明的时代性和文化特征；风格独特、制作精细，服饰品配套齐全等。

1. "汉帛奖"中国国际青年设计师时装作品大赛

"汉帛奖"中国国际青年设计师时装作品大赛是汉帛国际集团与中国服装设计师协会共同合作举办的青年设计师比赛,旨在培养优秀出众的年轻设计师,为他们提供施展才华的机会,推动中国服装设计的变革。"汉帛奖"中国国际青年设计师时装作品大赛是国内时装设计专业最高水准的国际性赛事,继"兄弟杯"之后已成功举办到了第25届。"汉帛奖"不仅为国内外设计师提供了一个良好的展示和交流平台,同时为中外时尚业界选拔、培养了一大批设计新秀,对年轻设计人才的成长起到了积极的推动作用。

从"汉帛奖"第25届中国国际青年设计师时装作品大赛征稿中我们认真地解读了"留白"设计主题,清华大学美术学院李当岐教授表示,留白有多层含义,有国画当中的"计白当黑",而在服装设计中的"留白"就是从造型、色彩等方面做到张弛有度,放松即留白。北京服装学院院长刘元风也指出,"留白"需要在设计中做减法,使设计具有审美内涵,用简练的设计体现高度内涵,这是时尚发展的趋势。评委们认为"留白"这个主题给青年设计师提出了一个很有高度的问题,兼具设计感和思想意境。当然除了主题解读还要理解图稿要求,系列服装几套,是否绘画款式图、结构图、面料小样等,然后选择设计方向,拟定自己的设计主题,运用绘画效果图的方式完成设计的意图。本届优秀作品稿件共计1193份,其中30份入围决赛,所有作品无论是从面料小样制作,还是在对结构的理解上,都感受到了国际青年设计师们的设计用心,以及他们对流行、对留白的理解(图3-35～图3-40)。

"汉帛奖"中国国际青年设计师时装作品大赛入围效果图运用多种绘画技法,以手绘与数码等综合表现技法为主,效果图构图多样化、人物排列创新化,绘画所表现得主题充满了天马行空的想像,其内容都是作者自己内心真实情感的流露,最终运用自己对生活的感悟及极强的绘画动手能力,表达真实内心的情感。因此,在创作这类创意服装效果图时不要盲目,要根据大赛主题收集创作灵感,从灵感源展开想像,学会分析、归纳、总结,找到主题切入点,过多的想法反而适得其反。根据主题进行服装的塑造,塑造中把握效果图的整体感,即色彩整体、形式整体、氛围整体,还有关键的一步就是细节的刻画,细节指的是创意细节、工艺细节和设计细节,即运用绘画技法把每一个部分都刻画到精致,它又必须是深入的,并不是浅尝辄止,更不是隔靴搔痒的蜻蜓点水。

Megalomania
Clarissa Dalessandri——意大利

图3-35　25届"汉帛奖"参赛效果图1

图3-36   25届"汉帛奖"参赛效果图2

图3-37   25届"汉帛奖"参赛效果图3

Multicolore
魏铮——中国

图3-38　25届"汉帛奖"参赛效果图4

返璞归针
张梦云——中国

图3-39　25届"汉帛奖"参赛效果图5

昨日片段
付志臣一一中国

图3-40　25届"汉帛奖"参赛效果图6

2.中国服装设计新人奖

中国服装设计新人奖是中国服装设计师协会于1995年创办，面向全国大专院校服装设计专业的应届毕业生综合评价的赛事，目前已成功举办了21届，每年评选一次，旨在发现和奖励青年服装设计人才，提高我国服装设计艺术水平。同时，新人奖的评选也是对中国服装教育成果的一次检阅。新人奖由全国设有服装设计专业的院校推荐优秀毕业生参评，评比内容包括理论、专业基础和成衣水平，评委由中国服装设计师协会评审委员会组织国内外相关专业人士组成，由中国服装设计师协会颁发获奖证书。

中国服装设计新人奖评选和其他服装设计大赛有些不同，新人奖评选有时没有固定的设计主题，属于面向全国大专院校服装设计专业的应届毕业生综合评价的赛事，毕业设计作品也可作为参赛设计作品。其参评材料除了提交服装设计效果图之外，还包括设计主题分析、色彩倾向分析、面料特征分析、饰品组合分析等流行趋势信息等资料。新人奖评选包括全国服装专业高校推荐参加，经过评委们对各个院校推荐的优秀毕业生和研究生所提交《流行趋势提案》进行审阅，通过提案全面考察设计者对服装设计企划和流行分析的能力，最终有50名优秀学子入围终评，将参加包括立体裁剪以及作品实物表现的综合评比，这个赛事是服装专业综合素质的考核。

（1）案例一：21届新人奖入围作品《晒伤》。

参评者：韩宇婷

选送院校：上海工程技术大学服装学院（图3-41～图3-46）。

图3-41　21届"新人奖"参评材料：主题效果图

图3-42　21届"新人奖"参评材料：主题分析

图3-43　21届"新人奖"参评材料：色彩分析

图3-44　21届"新人奖"参评材料：面料分析

图3-45　21届"新人奖"参评材料：配饰分析

图3-46　21届"新人奖"参评材料：款式图

中国服装设计新人奖评选入围效果图，要求推荐选手提交《流行趋势提案》，通过分析流行趋势，进行下一年度新品设计。入围作品在款式造型上结合当前流行趋势，设计元素创新前沿，色彩符合流行趋势，在面料运用上加入面料再造创的设计元素，每个系列的设计灵感都结合了参评者对当下社会、生活的理解，不乏故事性。其表现形式丰富，也是手绘与数码等综合表现技法为主。构图主要以横向构图居多，人物排列错落有致，配色时尚大胆鲜明，其最为突出的还是巧妙的设计主题、创新的服装造型和运用服装元素表达的设计概念。因此，在完成创意服装设计效果图绘画时，主要完成流行主题分析、色彩倾向分析、面料特征分析、饰品组合分析、时装设计稿和款式图等设计图示，并装订成册。

流行主题——即流行趋势主题预测分析，又称为设计主题思想或设计灵感氛围版。创意设计的构思是一种十分活跃的思维活动，可能由某一方面的触发激起灵感而突然产生，若服装大赛有规定的主题，必须在主题范围内展开思维想像，自然界的花草虫鱼、高山流水、历史古迹，文艺领域的绘画雕塑、舞蹈音乐以及民族风情等社会生活中的一切都可给设计者以无穷的灵感来源，主题的创新性是设计的亮点，也是创意设计的根本。

色彩——主题趋势下的色彩倾向，在把握流行色的基础上，根据确定的主题方向从灵感图片或色彩素材中提取色彩元素，并根据设计主题对色彩进行调和、搭配和重构。色彩主题是表达设计主题的色彩组合，这种组合渲染并诠释出设计主题的气氛。色彩主题是设计创意性的决定性因素，设计师们对色彩的认识已上升到色彩的有效应用层面，色彩的主题分析研究已成为时尚行业中必不可少的一页。

面料——主题趋势下的面料特征包括图示和面料小样。为设计作品选择合适又能充分表现主题的材料，是完善设计的必要条件。新的材质不断涌现，不断丰富着设计师的表现风格，除了新型材料应用外，面料二次创意设计已成为创意服装材料选择的重要部分，所附面料小样包括普通面料小样和面料再造的实验小样。

服饰——主题趋势下的饰品组合，确定设计主题和设计风格之后，为服装造型搭配完善的服饰品，包括鞋、帽、包和首饰等，这样进一步增强设计的主题氛围，完善服装设计主题概念。

时装设计稿——主题趋势下的服装设计效果图和服装款式图，每个系列4～6款，根据确定的主题、色彩、面料等进行款式造型设计，在绘制过程中设计者可以勾勒服装款式造型草图，通过修改补允，考虑较成熟后，再绘制出详细的创意服装效果图。能够完美体现设计构思的效果图才是完成大赛的重点，运用多种绘画技法，选择时尚绘画工具，构图简洁整体，精确地刻画创意细节、工艺细节和设计细节，最后完善创意服装效果图的故事性和艺术感。

（2）案例二：创意服装设计作品《我体内的Neverland》。

设计师：陈榕

设计册：流行趋势提案（图3-47～图3-52）。

图3-47　作品主题"我体内的Neverland"：
　　　　　流行主题分析

图3-48　作品主题"我体内的Neverland"：色彩分析

廓形、光泽、色彩是这一系列面料的关键词。氯丁橡
胶等复合面料和缎面面料能够呈现出最鲜亮的印花效果，
挺括的羊绒呢与皮革面料塑造出利落的廓形，搭配欧根纱，
增加雾面的层次感。

图3-49　作品主题"我体内的Neverland"：面料分析

新型材质的出现使得配饰不再拘泥于传统的皮革材料，光滑的马毛，柔软的针织，磨砂质感的麂皮带来全新的视觉及触觉感受。造型简约，但更加注重细节上的变化，不同材质和色彩的拼接产生饶有趣味的效果。

图3-50　作品主题"我体内的Neverland"：配饰分析

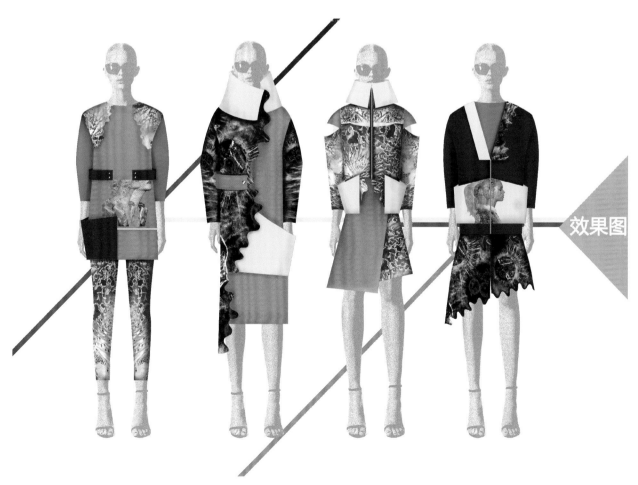

图3-51　作品主题"我体内的Neverland"：效果图

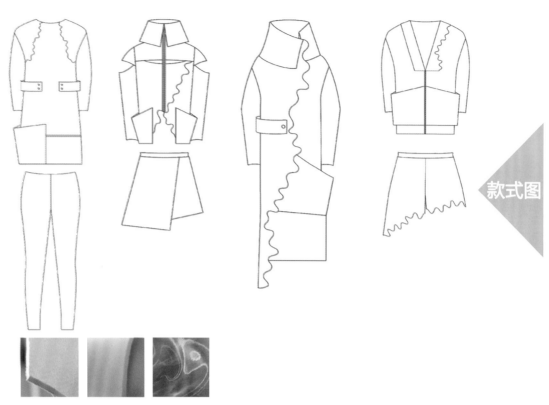

图3-52　作品主题"我体内的Neverland"：款式图

（3）案例三：创意服装设计作品《晶灵》。

设计师：吴蕴超

设计册：流行趋势提案（图3-53～图3-62）。

图3-53　作品主题"晶灵"：流行主题分析

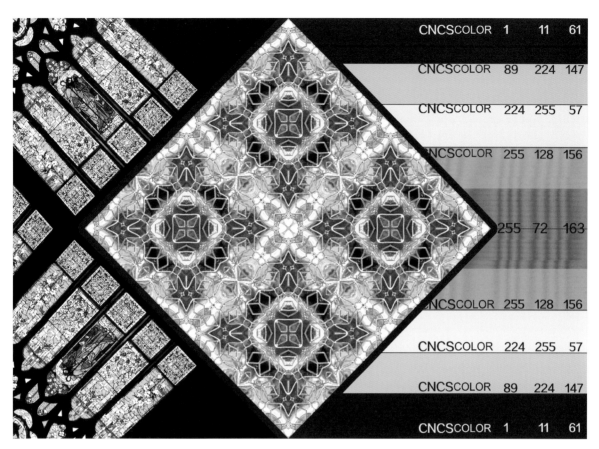

图3-54 作品主题"晶灵"：色彩分析

图3-55 作品主题"晶灵"：面料分析

图3-56　作品主题"晶灵"：配饰分析

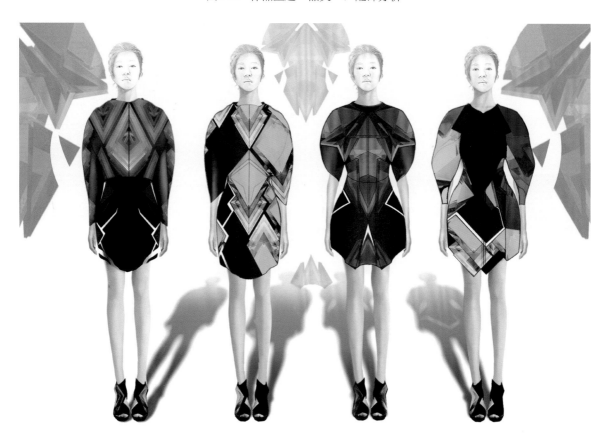

图3-57　作品主题"晶灵"：效果图

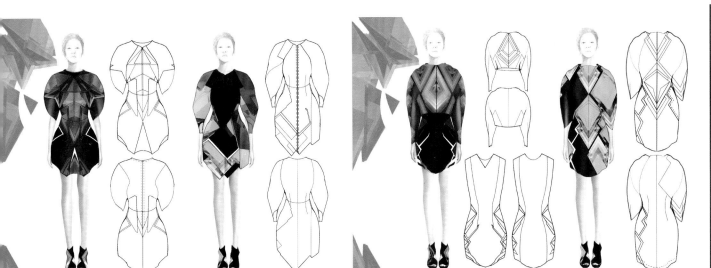

图3-58　作品主题"晶灵"：款式图

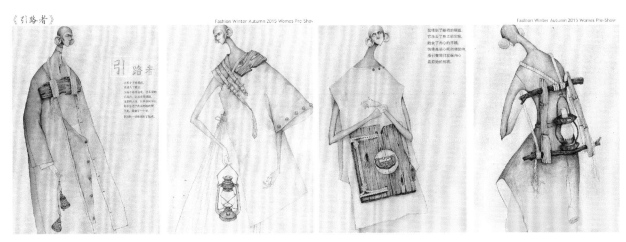

图3-59　20届"新人奖"参评材料：主题效果图

图3-60　20届"新人奖"参评材料：主题效果图

图3-61　21届"新人奖"参评材料：主题效果图

图3-62　21届"新人奖"参评材料：主题效果图

如何才能提高大赛入围的可能性呢？总结了几点供大家参考。

第一，要用心地去解读主题和设计内涵，把握住设计的创新性，只要真实地发挥自己情感与理念，建立自己的独特风格与个性。效果图的绘画一定要切合主题，注重创意，有个性、有趣味性，想象力要丰富，能在众多设计稿件中脱颖而出。

第二，作品要完善，大赛是对设计师综合素质的检阅，从灵感、款式、色彩、面料到结构，在稿件中都要体现出你的专业性，假如没有选到所需的面料小样而找个其他材料代替，只能自己砸自己的脚。

第三，积累是成就个人能力的最佳途径，服装比赛要多参加，总结设计经验，解读优秀作品和设计师理念，站在巨人的肩上会离成功越来越近。

二、高级时装类效果图表现形式

1.高级时装类效果图

高级时装是指在一定程度上保留或继承了Haute couture（高级定制服）的某些技术，以中产阶级为对象的小批量、多品种的高档成衣，是介于高级定制服和以一般大众为对象的大批量生产的廉价成衣之间的一种服装产业。该名称最初用于第二次世界大战后，本是高级定制服的副业，到20世纪60年代，由于人们生活方式的转变，高级成衣业蓬勃发展起来，大有取代高级定制服之势。

高级时装与一般成衣的区别，不仅在于其批量大小、质量高低，关键还在于其设计的个性和品位。因此，国际上的高级成衣都是一些设计师品牌。高级时装效果图的表现从时装之父、高级时装定制创始人Charles Worth（沃斯）时代开始形成，之后经历了Christian Dior（迪奥）、Coco Chanel（夏奈尔），使高级时装效果图绘画升为服装效果表现的高峰，一直到现代，高级时装效果图也是高定时尚的一门艺术。高级时装效果图表现是把高级时装艺术化的一种手段，比较注重设计氛围和设计意图的穿着效果，同时也作为将来服装制作的依据，高级时装效果图表现以简笔化表现和艺术化表现的风格最为常见（图3-63 ～图3-65）。

图3-63 沃斯时代高级时装效果图

图3-64 Dior（迪奥）高级时装效果图

图3-65　Karl Lagerfeld（卡尔·拉格斐）高级时装效果图

2.高级时装类作品要求与效果表现

高级时装会有更广阔的发展前景，很多时装品牌都推出了高级时装，高级时装的版型、规格更多，面料更考究，在制作工艺、装饰细节上更讲究，讲究品牌风格和理念，讲究精湛的工艺和艺术化效果。高级时装有时为了避免撞衫也会制作一些限量版，甚至会加入大量的手工工艺和创意的设计细节，使高级时装更加艺术化。

高级时装绘画是以时装为表现主体，展示人体着装后的效果、气氛，并具有一定的艺术性和工艺技术性的特殊形式的画种。20世纪以来，包括今天的艺术家们，对高级时装的热情从没有减退过，高级时装绘画作品之所以称为创意时装画，是因为它们表现的主体是人和高级时装的艺术化，其内容是展示时装穿在人体之上的一种效果、一种精神、一种着装后的气氛。

因此，高级时装效果图的绘画需要设计者为这件高级时装作品，在极短的时间内营造一种艺术化着装氛围，这种效果使高级时装效果图具有一定的概括性、快速性和艺术性。在众多绘画表现形式中，高级时装效果图的绘画简笔绘画、马克笔绘画等概括性的绘画形式较多，可以快速地记录设计师的灵感，以最快、最直接的方式展示设计师的设计理念（图3-66～图3-72）。

图3-66　简笔绘画高级时装效果图

图3-67　淡彩绘画高级时装效果图

图3-68　综合绘画高级时装效果图

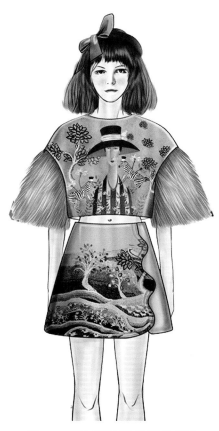

图3-70　图案绘画高级时装效果图

图3-69　质感绘画高级时装效果图

图3-71　细节写实高级时装效果图

图3-72　创意绘画高级时装效果图

图3-73　创意类表演服装1

三、舞台表演类服装表现形式

1.表演类服装分类

　　表演类服装分为舞台服装和艺术表现服装。舞台服装就是我们俗称的戏服，即影视剧或舞台演出时演员穿着的服装，它是塑造角色外部形象，体现演出风格的重要手段之一。现代表演艺术中，其服装除了用极强的视觉效果冲击力，同样也起着修饰影片画面效果的作用，所以影视剧、舞台艺术中的服饰造型设计，对影片的成功与否起着相当重要的作用。舞台服装设计是指针对一个特定的目标，在计划的过程中完成故事中人物造型，在进行表演服装设计时，首先对故事中特定的年代、民族、地区和特定的情境进行研究，然后再了解其中人物的职业、身份、年龄、个性和生活习俗等元素，把握人物性格特征、影片的情节背景以及时代潮流趋势，设计出更多符合剧情而又令人赏心悦目、回味无穷的经典服饰（图3-73、图3-74）。

图3-74　创意类表演服装2

图3-75 表演类服装创意
绘画草稿

艺术表演类服装是创意类服装，创意服装指打破常规服装理念，核心主题是"创意"，是一种智慧的提升。创意服装不再只满足产品的基本功能，更以独特的设计打动人心，除了满足保暖御寒外，还要能更好地满足对美的追求，要具备外观、功能等各方面的创意点、闪光点。创意服装的诞生都饱含设计师的心血和灵感，有很多艺术的东西暗藏在里面。

2.服装表演类作品要求与效果表现

表演类服装设计是服装设计艺术的一个组成部分，也是舞台艺术、影视艺术、创意设计艺术表达不可或缺的部分。优秀的服装设计可以反映创作作品中人物的身份，起到突出人物性格、渲染人物心情、烘托剧情主题的作用。表演服装设计应把握表演服装设计的特性，遵循表演服装的设计规律，把表演和服装设计的特性及具体因素结合起来，表演服装需要运用形象思维因素，毕竟不是纯粹的造型艺术作品，其设计更注重"美感"。

表演类服装作品的表现是以时装为表现主体，展示人体着装后的效果，能够烘托服装氛围之外的故事情节，并具有一定艺术性和表演应用性的绘画风格。因此，表演类服装效果图的绘画需要设计者具有把握人物性格特征、故事的情节背景以及时代潮流趋势等表演类基本知识之外，还需具备服装历史知识、创意设计知识和绘画表现能力等，能够营造一种艺术化着装氛围。设计师进行表演类服装表现时先有构思和设想，然后收集资料，确定设计方案，同时对结构设计、尺寸确定以及具体的裁剪缝制和加工工艺等也要进行周密严谨的考虑，以确保最终完成的作品能够充分体现最初的设计意图，实现设计作品艺术性和表演应用性。因此，表演类服装表现多以简笔速写表现、写实表现和艺术化表现为主，简笔速写表现和写实表现比较容易体现表演类服装的应用性，艺术化表现的表演类服装效果图主要表达创意类表演服装或者流行趋势发布创意类服装的绘画表现（图3-75～图3-80）。

图3-76 表演类服装水墨绘画效果图表现

图3-77   表演类服装：创意绘画表现

图3-79   表演类服装：写实绘画表现

图3-78   表演类服装：创意表现

图3-80   表演类服装舞台实物

第三章 服装创意设计效果图赏析

一、服装创意效果图图例赏析

服装创意效果图赏析见图3-81～图3-91。

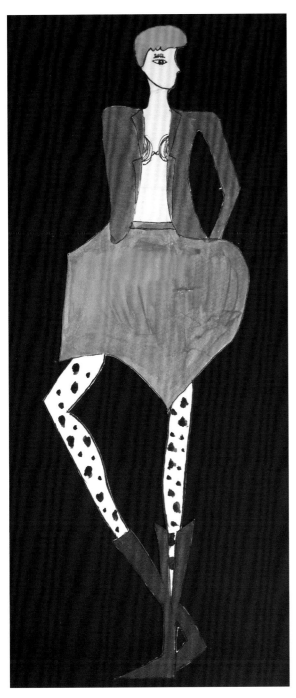

图3-82打破了传统人物造型，运用人物仰视的姿态和大胆的表情，衬托了服装的设计氛围，服装造型简洁，色彩丰富，绘画技法娴熟，效果图表现新颖、创意性强。

图3-81　创意服装效果图1

图3-82　创意服装效果图2

　　图3-83的亮点主要在服装的刻画上，运用水粉拼色和晕染的技法，服装细节处刻画细致，生动地描绘了服装面料的质感，如裘皮裙子的面料质感。刻画时，在花纹的裘皮面料上绘制出皮毛的廓形，表现的简洁概括；服装之外的人物部分运用铅笔素描技法，人物细节绘画细致，效果突出。

　　图3-84的服装款式设计新颖、创意性强，表现方法全部应用手绘，细节部分运用彩色铅笔色彩加强效果，绘画技法娴熟。

图3-83　创意服装效果图3

图3-84　创意服装效果图4

　　图3-85运用水粉手绘表现手法，打破了传统人物造型，人物刻画表情大胆，服装绘画疏散有致，简单的裘皮应用衬托了服装的设计氛围，效果图表现新颖。

图3-87　创意服装效果图7

图3-85　创意服装效果图5

图3-86　创意服装效果图6

图3-88　创意服装效果图8

图3-89　创意服装效果图9

图3-90应用了装饰变形的艺术表现手法，运用水粉颜色手绘而成，服装造型简洁、色彩概括，创意性强，绘画技法娴熟，画面效果充满了童趣。

图3-91　创意服装效果图11

二、服装创意系列效果图图例赏析

服装创意系列效果图赏析见图3-92～图3-112。

图3-92运用简笔线条淡彩着色的手绘表现，人物造型丰富且怪异，不同的表情和个性的神态营造了服装的主题氛围，画面充满了故事性和艺术性，运用经典点线面突出服装面料肌理，绘画技法娴熟，创意效果新颖。

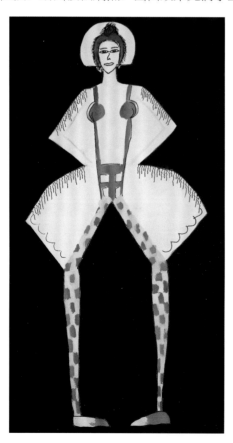

图3-90　创意服装效果图10

图3-92　创意服装系列效果图1

图3-93　创意服装系列效果图2

　　图3-94运用数码表现技法完成，画面运用同款造型的模特，服装创意点在O形的廓形和质感挺括且透明的超纤面料的表现上，色彩搭配明快，突出服装面料肌理，效果图表现新颖。

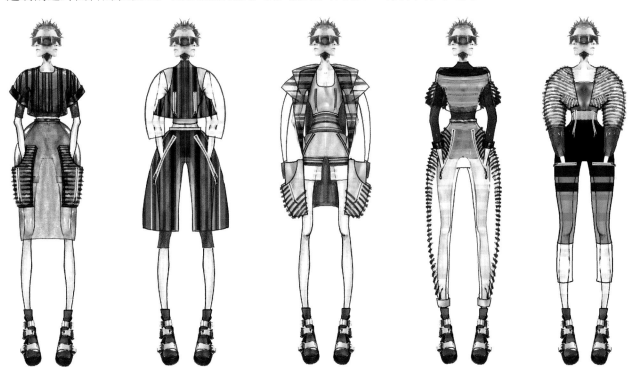

图3-94　创意服装系列效果图3

第24届中国真维斯杯休闲装设计大赛

绽效应

图3-95　创意服装系列效果图4

　　图3-96是针织服装的表现，整个系列的绘画作品运用了彩色铅笔手绘表现，服装造型创新大胆，针织花纹细节描绘生动、娴熟，是彩色铅笔绘画的优势所在。

图3-96　创意服装系列效果图5

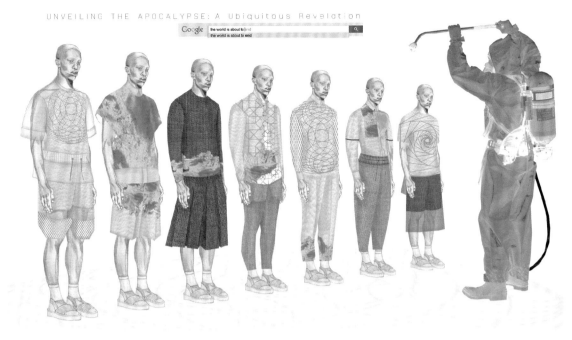

图3-97　创意服装系列效果图6

图3-98　创意服装系列效果图7

图3-99　创意服装系列效果图8

图3-100　创意服装系列效果图9

图3-101　创意服装系列效果图10

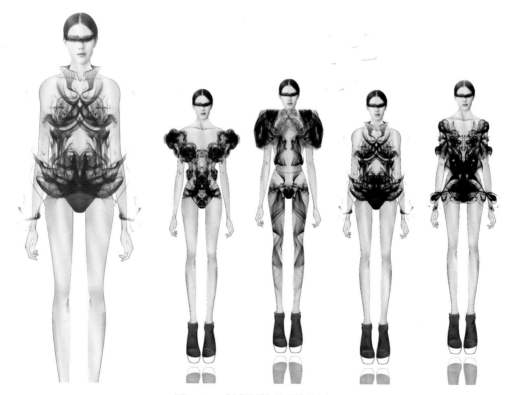

图3-102　创意服装系列效果图11

图3-103　创意服装系列效果图12

图3-104　创意服装系列效果图13

图3-105　创意服装系列效果图14

图3-106　服装设计大赛入围效果图1

（24届"汉帛奖"-Novikova Ksenia-Russia-Orthodoxy）

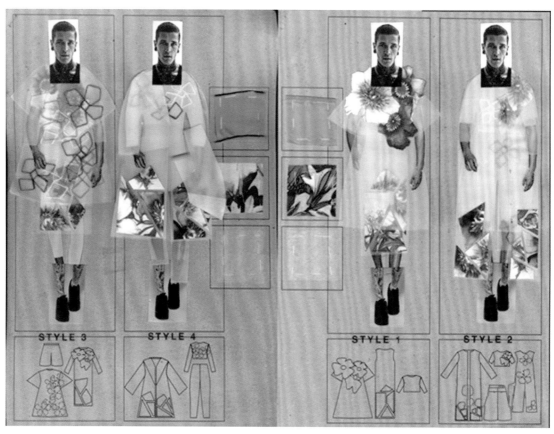

图3-107　服装设计大赛入围效果图2

（24届"汉帛奖"—Lise Michelle-Urban flower jungle）

图3-108　服装设计大赛入围效果图3
（24届"汉帛奖"，张祎，中国北京，设计主题：版师）

图3-109　服装设计大赛入围效果图4
（24届汉帛奖，李宣萱，设计主题：Dear Ms. Wig）

图3-110　服装设计大赛入围效果图5
（20届"新人奖"参评材料：主题效果图）

图3-111　服装设计大赛入围效果图6
（20届"新人奖"参评材料，主题效果图：绝对，曹涵颖）

图3-112　服装设计大赛入围效果图7
（20届"新人奖"参评材料，主题效果图，Candy Kimdom）

三、服装创意效果图与作品效果赏析

服装创意效果图与作品赏析见图3-113～图3-133。

图3-113充满了绘画的趣味性和艺术性，打破了传统人物造型，运用趣味的人物造型、丰富的服装细节以及个性的艺术图案，营造了服装的主题设计氛围，服装造型大胆色彩丰富，充满了创意和个性。

图3-113　主题"ZERO TO HERO"创意服装效果图

图3-114　主题"ZERO TO HERO"服装作品

　　图3-115设计主题为"沼泽",画面运用经典黑白搭配,服装创意点在形似沼泽的面料肌理表现,绘画技法应用了数码综合表现技法,真人模特造型大廓型的服装款式,突出服装面料肌理,效果图表现新颖、创意性强。

图3-115　主题"沼泽"创意服装效果图

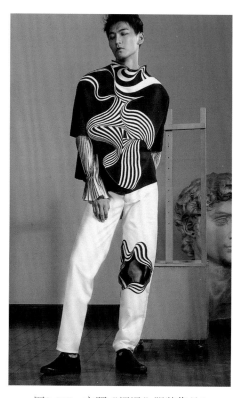

图3-116　主题"沼泽"服装作品1　　　　　　　　　　图3-117　主题"沼泽"服装作品2

图3-118　主题"嘻哈"创意服装效果图

图3-119　主题"嘻哈"服装作品1

图3-120　主题"嘻哈"服装作品2

图3-121应用了数码综合表现技法，不同造型的真人模特服装款式，服装造型主要以线形结构形成立体造型，效果图表现新颖、线形主题创意性强、绘画技法娴熟，姜黄和灰色系搭配沉稳和谐。

图3-121　主题"T'Line"创意服装效果图

图3-122　主题"T'Line"服装作品1

图3-123　主题"T'Line"服装作品2

　　图3-124打破了传统人物造型，运用卡通、幽默手法，衬托了服装的主题设计氛围，服装造型简洁色彩丰富，创意性强。

是我啊

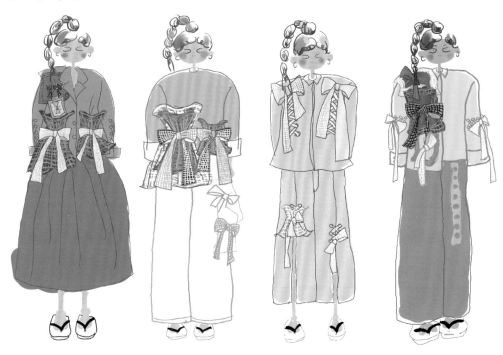

图3-124　主题"是我啊"创意服装效果图

图3-125　主题"是我啊"服装作品1

图3-126　主题"是我啊"服装作品2

图3-127 主题"几何碰撞"创意服装效果图

图3-128 主题"几何碰撞"服装作品1

几何 GEOMETRY
碰撞

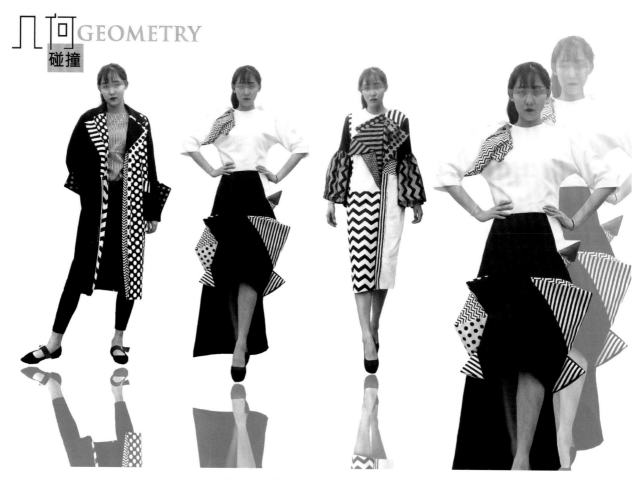

图3-129　主题"几何碰撞"服装作品2

图3-130　主题"几何碰撞"服装作品3

图3-131的亮点是图案设计，图案的绘画具体，色彩搭配明快，应用在大廓型的服装造型上，强调了服装的设计氛围，数码绘画技法娴熟，效果图表现新颖。

图3-131 主题"罗梅罗布里托的爱"创意服装效果图

图3-132 主题"罗梅罗布里托的爱"服装作品1

图3-133　主题"罗梅罗布里托的爱"服装作品2